U0275316

Dogs

Their Fossil Relatives and Evolutionary History

犬 类
和它们的化石近亲

王晓鸣 〔美〕理查德·特德福德 著

〔西〕毛里西奥·安东 绘图

孙博阳 译

商務印書館
创于1897　The Commercial Press

前　言

　　在犬科（包括狗、狼、豺、狐狸、貉等）生物学和博物学方面，人类与家犬的长期相伴吸引着专家学者以及普通大众的兴趣。最近几年新的重大发现引发了人们对犬科进一步的兴趣。14 000多年前生活于以色列和德国境内的早期家犬的新发现，将家犬的化石记录又向前推移，并且为早期人类与他们最早的家养动物之间的首次互动提供了新的证据。近年来分子生物学研究表明家犬最早的驯化中心可能是中国，而并非欧洲或中东。而且，人类对大型捕食动物，如狼、豺和非洲野犬的着迷，在从捕食行为到生态保护的一系列论题上一直吸引着公众的注意。欧洲和北美的灰狼以及美国东南部红狼的保护和引入，在是否需要靠保护大型猎食动物来获得生态群落平衡的问题上，引发了公开争论。

　　公众对狗的每一方面都有着持久的兴趣，在此背景下，举世无双的弗里克藏品（Frick Collection，藏于美国纽约的自然博物馆 [American Museum of Natural History]）当中的北美新生代犬科化石部分，成为王晓鸣（博物馆古脊椎动物主管）、理查德·特德福德（Richard Tedford，博物馆原古脊椎动物主管，已故）和贝里尔·泰勒（Beryl Taylor，弗里克藏品主管）撰写的三部专著的研究基础（Wang, 1994;

Wang, Tedford and Taylor, 1999；Tedford, Wang and Taylor, 2009）。这些专著所提供的珍贵信息展示了大量已灭绝的犬科动物。北美洲是这些犬科动物起源的大陆，它们随后相继于大约 700 万到 500 万年前扩散至旧大陆，于 300 万年前左右扩散到南美洲。这些迁徙事件最终对犬科动物大有帮助，令它们成为世界上现存的分布最广的食肉动物之一，并且在一些大陆成为顶级猎食者。本书旨在捕捉近年来我们在犬科食肉动物的认知方面所取得的最新进展。书中有丰富的配图，由著名西班牙古生物艺术家毛里西奥·安东（Mauricio Antón）专门为本书绘制，一方面为专家学者提供难得的图像参照，另一方面让广大非专业读者感到通俗易懂、生动有趣。

犬科归属于食肉目，现存的种类仍然很多，但也是食肉目中最早出现的一个门类。在它超过 4000 万年的历史当中，犬科具有食肉动物中任何其他门类都无法企及的延续时间和多样性。它们的成功还体现在它们在全世界范围内广泛分布并取得顶级猎食者地位。它们在现代的北美和南美、澳大利亚以及欧亚大陆北部均为顶级猎食者——只有在非洲的大型猫科与鬣狗科猎食者当中，它们的地位才略逊一筹。有观点称犬科动物大规模群体狩猎的倾向以及相应的大脑发育对于驯化过程至关重要——在此过程中，人类学会与这样一种适于生活在另一物种之间的聪明的食肉动物建立互利关系。家养动物的驯化在早期人类社会从旧石器时代过渡到新石器时代的发展中起到非常重要的作用，可以说，通过狗的家养驯化，人类学到了驯养其他动物的本领并最终导致农业兴起（人类种植植物与驯化动物或许是相互启发的）。

犬科动物的演化历史就是一个连续适应辐射（一个生物门类当中多样性的快速增长，经常是对环境改变和新资源的一种响应）不断重复占据大范围生态位的历史，它们占据了从大型掠食动物到小型杂食动物，甚至植食动物的生态位。这样的适应辐射发生了三次，最早是由理查德·特德福德（1978）提出的，每一次各有一个独特的亚科作为代表。两个远古亚科，黄昏犬亚科和豪食犬亚科，在大约 4000 万到 200 万年前的新生代中期至晚期发展繁荣。现存的犬科动物全部来自最后一次适应辐射，属于真犬亚科，只经历了过去的几百万年便已经获得了如今的多样性。

犬科动物之前的多样性与过去 4000 万年间的环境变化紧密相关。特别是与狼相似的大型掠食动物的出现，就是环境变开阔的直接结果。从温暖湿润不断转向寒冷干燥的全球性气候变化，导致全球范围内由森林环境向开阔草原环境的大规模转变。陆生脊椎动物中捕食者和猎物长时间快速奔跑的能力的增长反映了这些气候变化。犬科动物的化石记录显示出它们站立姿势不断变直、肢骨强壮并不断加长以及关节活动范围缩小，这些都清楚地反映了奔跑能力的增强。

人类对犬类的着迷主要源于两点：我们对自家狗的喜爱以及对犬科动物在世界上大部分地区处于顶级猎食者地位的尊敬。对一个哺乳动物门类如此高涨的兴趣通常是很少见的，这为吸引公众关注古生物学、功能形态学、演化和行为生态学提供了绝佳的契机。

致　谢

感谢哥伦比亚大学出版社工作人员菲茨杰拉德（Patrick Fitzgerald）和史密斯（Robin Smith），以及编辑帕维特（Irene Pavitt）的鼓励和有益指导。

感谢魏德林（Lars Werdelin）和范瓦尔肯堡（Blaire Van Valkenburgh）重要的审阅工作，他们指出了我们所没有注意到的文献记录以及其他错误。编辑巴瓦（Annie Barva）通篇进行了修改，极大完善了本书的语言表达。美国自然博物馆的洛拉（Alejandra Lora）录入了部分手稿，并且在相当多的方面进行沟通，起到很大帮助。关于犬科三个亚科的专题研究有很大一部分是受美国国家科学基金两个项目（DEB-9420004 和 DEB-9707555）和美国自然博物馆弗里克博士后基金的资助。王晓鸣感谢妻子燕平和儿子亚历克斯（Alex）在本书撰写过程中一如既往的支持和理解。特德福德感谢伊丽莎白（Elizabeth）和维维恩（Vivien）对这项花费 30 年时间的研究给予耐心的支持。毛里西奥·安东感谢妻子普里（Puri）和儿子米格尔（Miguel）长期以来的支持。

目录

彩图 1　北美晚始新世生态复原图

在森林环境中，一只成年群集黄昏犬（*Hesperocyon gregarius*）在巢穴附近照看它的两只幼崽。

彩图 2 海獭犬生前复原图

一只大型的黄昏犬类海獭犬（*Enhydrocyon*）用强壮的前臼齿咬碎一只有蹄类的骨头。海獭犬生存于晚渐新世至早中新世（阿里卡里期 [Arikareean]）的北美。

彩图 3　弗氏奥氏犬（*Osbornodon fricki*）的生前复原图

弗氏奥氏犬生存于早中新世（赫明福德期 [Hemingfordian]）的北美，是黄昏犬类中最大型的成员，达到一只小狼的大小。

彩图 4 中新世（巴斯托夫期 [Barstovian]）北美西部场景图

一群大小像狼一样的豪食犬类凶暴猫齿犬（*Aelurodon ferox*）正在追捕一只新三趾马（*Neohipparion*）。

彩图 5　好运豪食犬（*Borophagus secundus*）生前复原图

高大的好运豪食犬生存于晚中新世（亨普希尔期 [Hemphillian]）的北美，是一类进步的豪食犬类动物。强壮的头骨和粗壮的前臼齿表明其对碎骨有极高的适应性。

彩图 6　晚中新世（亨普希尔期）北美生态复原图

在草原和小片林地的环境中，一只刚成年的戴氏始犬（*Eucyon davisi*）以顺从的动作来贴近它的父（母）亲。像这样的年轻个体可能会留在父母的领地中帮忙抚育幼崽，规模更大的社群由此发端。真犬亚科的几个种都是如此。两只北美织角羚（*Texoceros*，即得克萨斯羚）在一棵倒伏的树木后面注视着这群胡狼大小的犬科动物。

彩图7　上新世（布兰科期[Blancan]）北美生态复原图

在草地和林地交错的环境中，一只单独的异齿豪食犬（*Borophagus diversidens*）在一群食兔犬
（*Canis lepophagus*）的抢夺下奋力保护它的猎物——一只半颈驼（*Hemiauchenia*）。异齿豪食
犬是豪食犬类中最后一个种，也是该属中最大型的种类之一。在夺取猎物的抗争中，食兔犬这
种中小型犬科动物或许能勉强对付一只异齿豪食犬。但如果异齿豪食犬还有其他伙伴增援，那
么郊狼大小的食兔犬便只能一直等到这些大型犬类吃尽兴。

彩图 8 晚更新世（兰乔 – 拉布雷期 [Rancholabrean]）北美西部生态复原图

一只成年恐狼（*Canis dirus*）正在呼唤它的族群，背景为一群哥伦比亚猛犸象（*Mammuthus columbi*）缓步走过。

1

研究方法及犬类在自然中的位置

现代科学的生物分类体系基础始于 18 世纪中叶卡尔·林奈（Carolus Linnaeus）的著作《自然系统》（*Systema naturae*）。在 1785 年该著作的第 10 版中，林奈根据外形和功能上的相似性（如狼和狐狸采用相似的捕食方法）提出犬科包含三个属：犬属、狐属和鬣狗属。后来鬣狗被放置在了单独的一个科，鬣狗科，属于食肉目。犬科也属于食肉目，这一科以狼、狐狸以及一些确立于 19 世纪的其他种（Mivart，1890）为代表。中国的犬科还包括豺及貉。在本书中，我们用"狗"来作为犬科动物的非正式称呼，并非单指家犬。

人们很早就认识到食肉目的所有成员（统称食肉类）都具有共同的牙齿特征，即最后一颗上前臼齿和第一颗下臼齿具有刀刃状的釉质齿冠，咬合在一起，功能如同剪刀（图 1.1）。这种特征的牙齿主要适用于切割被捕食对象的肉和皮肤，所有的食肉类都具有这样的牙齿，术语叫作裂齿。在食肉类 6000 多万年漫长的历史中，为适应不同环境及发挥不同功能，这对裂齿发生了巨大变化——一些专门用于食肉，表现为高度肉食性（见第 4 章），一些用于磨碎植物，表现为低度肉

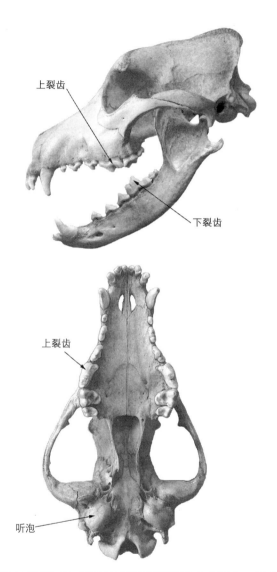

上裂齿

下裂齿

上裂齿

听泡

图 1.1　家犬的头骨和下颌

上图为侧面视图，下图为腹面视图。

食性，还有一些具有通用（"原始"）的功能，表现为中等肉食性，或完全失去裂齿，例如以白蚁为食的鬣狗科动物土狼、以鱼类为食的海豹和海狮，以及能咬碎带壳软体动物的海象。这些牙齿在适应性特征上的多样性，很大程度反映了食肉动物不同科的演化历史，为描述与鉴定种以及种以上类群（属或科）提供了方便，但裂齿本身受其剪切功能的限制，在外形上不能无限制地发展出无穷无尽的变异。因此有些相似的牙齿形态会在不同支系内独立地演化出来。这种趋同或者说平行演化，时常误导我们对生物系统关系的理解。如同其他哺乳动物一样，食肉类的牙齿演化迅速并与其环境和功能有关。这些牙齿的变化是早期古生物学家探讨演化关系的主要工具，并在很大程度上成为我们认识食肉类关系的基础。但趋同或平行演化也时常困扰着我们，时刻提醒我们需要寻找更多的形态证据。

英国解剖学家威廉·亨利·弗劳尔（William Henry Flower, 1869）注意到，食肉类中耳周围骨质结构的外形和构造提供了有别于牙齿的另一种分类方法，将食肉类分成了三个类群。这些结构包括头骨基部骨质外壳的大小、形状和构造，这个骨质外壳将中耳包覆为一个几乎封闭的空间，对听觉至关重要的听小骨就位于其中（图 1.1）。这种骨质结构称为听泡，形成于两个重要的骨化中心。外鼓骨包括中耳空间的外侧开口，并包含支撑鼓膜（耳膜）的骨质鼓膜环，听小骨链最外侧的锤骨与鼓膜相连。空气中声音的振动通过鼓膜传给锤骨，并进一步传给砧骨和镫骨，最终传入内耳并由内耳神经传入大脑。内鼓骨形成听泡内侧及最膨大的部分，并经常包覆内颈动脉的一部分。听泡的这两个部分愈合在一起，连接处经常向内延长形成一个隔板，将中耳腔分为两个室。弗劳尔发现现生食肉类根据听泡的形状和结构可分为三个大类。猫形食肉动物（猫超科，包括猫科、鬣狗科、灵猫科、獴科）具有膨大的听泡，中隔发达，几乎将听泡一分为二（见图4.10）。这个中隔由外鼓骨和内鼓骨以几乎相等的比例形成，但内鼓骨包覆内颈动脉。相比之下，熊形食肉动物（熊超科，包括熊科、海狮科、海豹科、海象科、小熊猫科、臭鼬科、浣熊科、鼬科以及灭绝的犬熊科）具有略微膨大的听泡，无中隔，但内颈动脉包覆于内鼓骨之中。犬形食肉动物（犬超科，仅包括犬科）具有膨大的听泡和主要由内鼓骨构成的单层中隔，但内颈动脉只有前部的一小段包覆于内鼓骨之中。弗劳尔的分类系统对后人有很大的启发意义，虽然后来时有修正，但他的上述三大门类至今仍在沿用。弄清这些耳区的骨质结构及其在不同食肉类中的差别，对古生物学者将食肉动物化石划分为不同的演化单元具有重大意义。

随着达尔文1859年引进生命演化的概念，并将自然选择作为演化的机制，演化学说被人们广泛接受。人们也接受动植物化石是保存于地质记录中的生命历史的证据。对这些理论的接受使生物演化过程的重建工作能够应用于地质历史中。在格雷戈尔·孟德尔（Gregor Mendel）于20世纪初做出的新发现之前，早期的演化学家并没有意识到演化是以基因为基础的，但揭示基因改变的方式又要等到20世纪中后期。

20世纪的大部分生物学家和古生物学家一直在对犬科的外形（或形态学）进行描述，将形态上的相似性作为建立生物亲缘关系的工具，而这种形态上的相似关系和演化关系通常是一致的。因为种通常被认为是自然演化中的最小单元，这些单元的性质需要定义。20世纪中叶，随着人们对生物体基因和形态基础的接受，物种要么被视为生物种（biological species，一组确实或可能相互交配的自然群体，与其他的类似群体有生殖隔离 [Mayr, 1940]），要么被视为形态种（morphological species，拥有相同或相似形态特征的一组个体或一个群体）。同一个种的个体之间的形态差异变化范围通常与现生种当中观察到的那些特征接近。但是，对于化石门类和自然交配情况缺乏观察记录的现生种，形态定义就成了唯一可行的办法。上述两个物种定义在关于家犬分类位置的争论中具有直接的关系。这在"家犬"一章（第8章）中还要详细讨论。

因此我们要探究犬科的历史，即其系统发育关系，犬类物种分类和界定是最基本的前提。我们在理清物种之间演化关系时运用了系统发育体系的原理，因为我们相信通过这个方法可以得出一个能用假设演绎方法去检验的结论，这个方法最符合现代科学原理。我们关于两个种之间演化关系的假说，是依据物种的共同特征。这些特征为这两个种所独有，并且是从同一个起源点演化而来的（我们称之为同源）。如果这两个种的共同祖先不再是其他种的共同祖先，以上证据就表明这两个种是单系关系。这样的论述取决于形态特征（即科学证据）的数量；相同的形态特征越多，我们就说证据越充分。在现生种中能够获取的形态特征比化石种中多得多；化石种所能提供的证据不仅局限于骨骼，还受限于其保存状况。

这样的系统发育分析经常被称为支序分析，因为它是根据种的一系列形态特征，将支系或单系分支复原为一个"演化树"，即种之间相互关系的示意图。证据的不足可能导致支持进化树的数据出现几个不同的组合方式。在这样的情况下，简约法原则在众多组合之中指出第一选择：对进化树最简单的解释最有可能是最佳的。

在本书中我们讨论犬科的演化时，纳入了一些特征，这些特征不一定与支序相关，但似乎与更加普遍的生物关系有关，尤其是那些体现演化中的直接或渐进过程，而不是与分支和支序关系直接相关联的关系。在合适的地方我们也加入了分支系统，从而使犬科演化的速率得以体现（附录2）。

犬科历史的时间尺度大多数时候更适于以百万年（Ma）为单位（图1.2），这是由200多年的研究得来的。起初只有具有自然叠覆律（新地层覆盖于老地层之上）的岩石记录（地层学）提供其所包含的化石样本的相对年龄证据，但之后有多种工具配合使用，如古生物种间的相似性和根据已知化学元素衰变周期得到地层绝对年龄的放射性同位素技术。

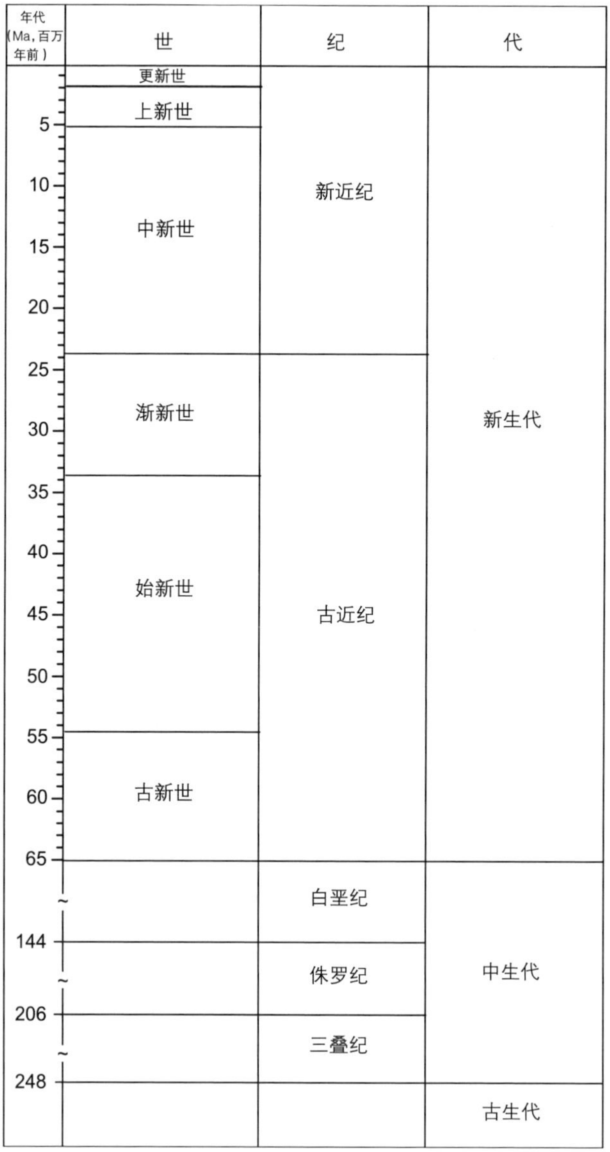

年代 (Ma,百万 年前）	世	纪	代
	更新世		
5	上新世		
10		新近纪	
15	中新世		
20			
25			
30	渐新世		新生代
35			
40			
45	始新世	古近纪	
50			
55			
60	古新世		
65			
~		白垩纪	
144			
~		侏罗纪	中生代
206			
~		三叠纪	
248			
			古生代

图 1.2　新生代时间表

2

犬科的起源及其他
与犬类相似的食肉哺乳动物

无论是否真正的犬类，犬形猎食动物在捕食性动物群落中通常扮演着重要的角色。因此，想要了解这个充满竞争的世界，就需要知道犬类出现之前或出现过程中已经存在的肉食性哺乳动物，以及在犬科出场之前已经生活在各个大陆上的犬形食肉动物。

食肉动物的世界

　　如第 1 章中所述，食肉目（Carnivora，由拉丁文 *carnis* [意为肉] 和 *vorare* [意为吞食] 组成）包括所有长着一对由上第四前臼齿和下第一臼齿组成的裂齿。这一目的所有成员都是拥有这个特征的祖先演化出来的后代，它们因为有这个共同祖先而形成了一个自然类群。在本书中，我们所说的食肉目动物，指的正是这一类动物，而食肉动物则涵盖了范围更大的猎食动物——如中兽类、肉齿类、袋鼬狗类和袋狼类等——它们并没有食肉目决定性的特征裂齿。记住很重要的一点：

肉食性脊椎动物（以肉作为主要食物的猎食动物）并不构成一个自然类群，因为它们彼此之间没有密切的亲缘关系。唯一能使它们聚为一类的共同点是它们对肉的偏好，单只这一点无法构成将它们分为一个自然类群的依据（例如，很多爬行动物，如兽脚类恐龙、鳄鱼和蛇，也是肉食性动物，但每一类都有自身独立的起源以及所属的自然类群）。

这些食肉动物当中，一些是在犬类起源之前重要的捕食者；还有一些是和犬类同时期的犬形食肉动物，它们直接与犬类竞争或是在没有犬类的地方占据相似的生态位。犬形猎食动物的适应特征在整个新生代（过去的6500万年里 [见图1.2]）中都是相同的，因此可以得出结论，犬类的体型对追捕和制服猎物来说，曾经是，也一直是非常成功的构造。

白垩兽

哺乳动物的祖先在中生代（248百万－65百万年前）生活在恐龙的阴影之中。它们大多只有老鼠那样大，类似今天的食虫类（如刺猬、鼩鼱等），尽管偶然会有一种像狗一样大的哺乳类可以捕食小型恐龙。在晚白垩纪（75百万－65百万年前）的北美，一种像老鼠一样大的叫作白垩兽的动物开始发展出刀刃形的颊齿，用以切肉。在加拿大阿尔伯塔省的斯科勒德组（Scollard Formation）发现的似地狱犬白垩兽，上第四前臼齿已经开始形成上裂齿的形状，发展出由前尖和后尖构成的剪切形齿冠，这样的牙齿即将要变成典型的裂齿了。这个剪切齿冠的位置恰好和后来所有食肉类的裂齿一样，从而提供了一个吸引人的证据，表明食肉类的祖先也许可以追溯到晚白垩纪（75 百万年前），尽管身体较小和牙齿特化程度不高表明白垩兽可能并不是纯粹的食肉动物。

古灵猫和细齿兽

真正的食肉类，即食肉目的各成员，在大约 65 百万年前的白垩纪－第三纪大灭绝之后很短的时间内崛起。第一种食肉动物出现在早古新世（65 百万－60 百万年前）的北美，属于古灵猫科。这个灭绝的科特点是有一对真正的裂齿。尽管古灵猫科的化石记录很少，关于它的很多情况还有待进一步认识，但这一科似乎一出现便很快扩散开来，先到达亚洲，之后到达欧洲。古灵猫很早便具有缩减的齿列（缺失最末或称第三白齿），人们曾经认为这一过早特化的特征表明它和现在的猫形食肉动物（猫形亚目，包括猫科和鬣狗科）有亲缘关系，因为猫形类也有缩减的齿列。然而，由于缺乏始新世时期（55 百万－35 百万年前）过渡性的化石记录，能填补猫形类最早期祖先类型和古灵猫之间空白的连接序列很薄弱。2005 年由吉娜·D.韦斯利－亨特(Gina D. Wesley-Hunter)和约翰·J.弗林（John J. Flynn）进行的研究试图解决这样的矛盾，他们提出古灵猫是早期一个高度特化的食肉动物支系，和现生食肉目各科没有关系。

另一类早期食肉动物是细齿兽科，在晚古新世至早始新世（60百万－50百万年）的北美和欧洲最先出现，随后扩散到了亚洲。像古灵猫一样，最早期的细齿兽也有一对真正的裂齿，显示出它与食肉目的亲缘关系。然而和古灵猫不同的是，细齿兽在牙齿的适应特征方面特化程度更低，因为它有一套原始的完整颊齿列（拥有上下第三臼齿，图2.1）。细齿兽有黄鼠狼到小狐狸大小（个别达到小狗大小），

图2.1　森林细齿兽（*Miacis sylvestris*）

根据美国怀俄明州始新世温德里弗组（Wind River Formation，50百万年前）发现的化石绘制的森林细齿兽的头骨和头部复原图。头骨长度约为10cm。

生活于森林地带，和古灵猫一样只能捕食相对小型的猎物（图 2.2）。因此，细齿兽真正的重要性并不在于它们的生态多样性以及对猎物群体的影响，而在于它们和后期食肉动物的祖裔关系。如上述韦斯利－亨特与弗林的研究所示，现代食肉目各科中的一部分，或许是全部，是从细齿兽的多个支系中诞生的。

图 2.2　凯氏细齿兽（*Miacis kessleri*）

根据德国梅塞尔（Messel，50 百万—36 百万年前）完整骨架绘制的凯氏细齿兽生前复原图。

犬熊

另一个已灭绝的犬形食肉动物是犬熊科。这个由"像熊一样的狗"组成的很大的科广为人知，在早期的捕食者群体中非常重要。顾名思义，犬熊看起来就像是介于狗和熊之间的一种过渡类型。犬熊科和犬科看起来很相似，很长一段时间古生物学家难以区分这两个科。严格地说，犬熊科拉丁文原义是"半犬"。但近几十年来，越来越多的食肉类专家倾向于把半犬类归入熊超科（见下文）。因此近年来的中文文献中，又把它叫作"熊"。事实上，它既不是犬也不是熊。除了早期类型存在第三臼齿，犬熊和犬类在牙齿上还有很多相似之处，包括具有真正的裂齿，表明它们都属于真正的食肉目。犬熊有原始的齿式，前臼齿有尺寸变小的趋势，这些特征又像熊。犬熊还趋向于具有形似犬类的头骨和身体比例，包括细长的吻部和腿骨。早期类型，如血齿兽（图2.3），生活在中新世最早期（23百万年前）的北美，有着很长的足部，采用趾立式的伫立姿势，即用脚趾走路，脚的后部向上提起，但后期大型类群变成半蹠立式，即用脚掌走路，脚后跟着地（Hunt, 2003），变得像熊一样。

图 2.3　卓越血齿兽（*Daphoenodon superbus*）
美国内布拉斯加州早中新世（23百万年前）的犬熊类卓越血齿兽的生前复原图。和犬熊科晚期大型成员不同，血齿兽有明显更长的足部和趾立式的伫姿。复原肩高59cm。

有了这些形态上的不确定性，无怪乎犬熊在一段时间内成为争议话题。犬熊已经灭绝了很长时间，没有留下能帮助我们了解其与犬类之间关系的软组织解剖学或基因信息，这使争议进一步热烈起来。早期古生物学家偏激地将犬熊归为犬科。然而，小罗伯特·M. 亨特（Robert M. Hunt Jr., 2003）做了最新研究，对犬熊的耳区更加细致的观察表明它和熊科有着更近的亲缘关系（这并不是说犬熊是熊，但从专业上来说犬熊和熊构成了姐妹群）。

　　犬熊首次出现在中始新世（45 百万年前）的北美，晚始新世（35 百万年前）迅速扩散至欧洲，早中新世（23 百万年前）扩散至非洲和亚洲。截至晚中新世（8 百万年前）犬熊在所有大陆上灭绝。因此犬熊和北美的黄昏犬与豪食犬生活在同一时期。实际上很多北美犬熊和同一时期的犬类体型相似，这种体型以及头骨和牙齿适应特征的高度重合表明犬熊与犬类之间必然会有竞争。有趣的是一些类群的犬熊的牙齿还独立地向高度肉食性（专门肉食，参见第 4 章）的方向演化，它们的身体也显著增大，因此它们和犬类在猎物资源上的争夺不可避免。在这样的竞争背景下，犬类只有趾行这一项优势凸显出来。尽管不太可能确定更直立的姿势为犬类带来了决定性的优势，但犬类比犬熊存活得更长久仍然是事实；犬熊在晚中新世走向灭亡的时候，犬类才刚开始向世界的其他地方扩张。

鬣狗

尽管鬣狗在亲缘关系上与犬科并不近，但除了高度特化的土狼（专吃白蚁）外，现生鬣狗和犬类有很多相似之处。这两科都有很强的移动能力（擅长奔跑），非常适合在开阔草地上追击猎物。这两个科中的成员也都组成配合紧密的狩猎团体，还有着复杂的群体行为。而且两科中都有一些种能够咬碎骨头。事实上，现代的斑鬣狗是犬科当中食骨的成员豪食犬最好的现生参考范例（第3章）。

鬣狗的演化历史在很多方面也与犬类相似。犬类起源于北美大陆，鬣狗起源于欧亚大陆。这两个科在生存早期的大部分时间都基本留在各自起源的大陆上。犬类最终在晚中新世至上新世（5百万－1.8百万年前）扩散到世界的其余地方，鬣狗却几乎从来没有扩散到北美，唯一的例外是豹鬣狗，在上新世曾有短暂的时期扩散至北美（第4章和第5章）。

鬣狗同样在早中新世至中中新世才出现大小如狐狸的类群，如原鼬鬣狗、通古尔原鼬鬣狗、上鼬鬣狗。经由过渡型类群，如郊狼大小的鼬鬣狗（图2.4）和灰狼大小的鬣形鼬鬣狗（图2.5），鬣狗演化出了更加强大的碎骨型类群，如硕鬣狗、副鬣狗和斑鬣狗。一些类群开始变得更加适应于在开阔地区奔跑，如豹鬣狗，它是唯一经过白令陆桥（东西伯利亚和阿拉斯加之间在一定时期内出现的陆桥，现今的白令海峡）到达北美洲的属。

图 2.4　鬣鼬鬣狗（*Ictitherium ebu*）

肯尼亚洛萨加姆（Lothagam）晚中新世（6 百万年前）的鬣鼬鬣狗生前复原图。复原肩高 60cm。

中兽

　　古灵猫和细齿兽主要为大小如猫或狐狸的捕食者，无法应付古新世和始新世开始出现的大型猎物。为了填补这个空缺，一个原始的偶蹄类（偶蹄目，有蹄类哺乳动物，包括河马类和牛类中善于奔跑的早期类型）类群在北方各大陆（欧洲、亚洲和北美）演化出来，扮演着陆生大型猎食者的角色。中兽类，如异中兽（图 2.6）和中华中兽（图 2.7），是外形像狼的哺乳动物，在它们生活的年代里是顶级猎食者。

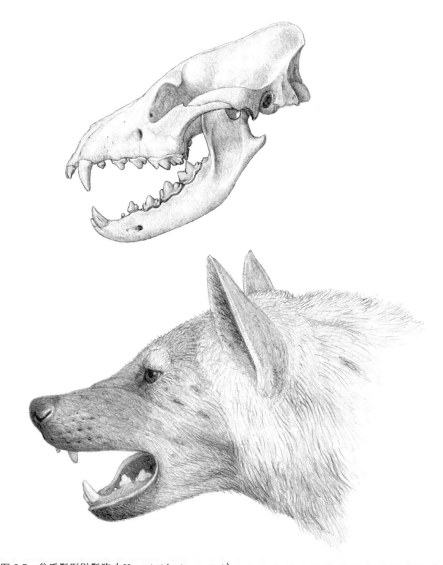

图 2.5 　翁氏鬣形鼬鬣狗（*Hyaenictitherium wongi*）

中国晚中新世（8 百万年前）的翁氏鬣形鼬鬣狗头骨和头骨复原图。头骨全长 18cm。

它们有着强壮的犬齿和粗大的颊齿，可能具有碎骨的能力。尽管它们的长腿显示了抓捕快速奔跑猎物的能力，但由于其强壮的牙齿，一些古生物学家认为它们可能是食腐动物。中兽最著名的成员是生活在中始新世时期中亚地区巨大的蒙古安氏中兽，它也许是当时陆地上最大的猎食哺乳动物。安氏中兽得名于美国自然博物馆中亚考察队队长罗伊·查普曼·安德鲁斯（Roy Chapman Andrews），它拥有将近 1 米长的巨大头骨和可以用来咬碎骨头的强壮牙齿。

图 2.6　**饕餮异中兽**（*Synoplotherium vorax*）
根据美国怀俄明州始新世布里杰组（Bridger Formation，45 百万年前）发现的化石绘制的**饕餮异中兽**生前复原图。复原肩高 58cm。

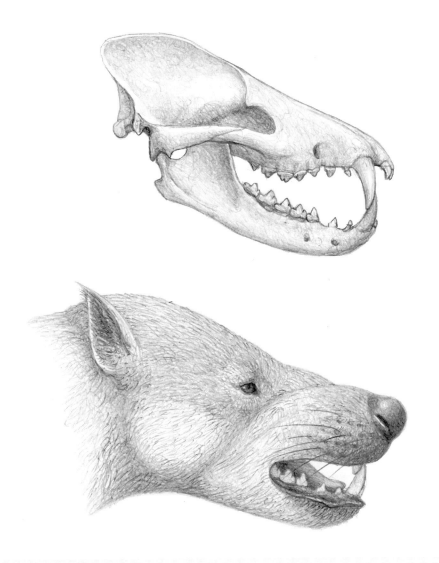

图 2.7　中华中兽（*Sinonyx*）

中国始新世（约 50 百万年前）中华中兽的头骨及头部复原图。头骨全长 32cm。

肉齿类

尽管一些中兽类可能由于其压倒性的体型和强壮的颌部而成为世界局部地区的顶级猎食者，但始新世的真正顶级猎食者是肉齿类（肉齿目）。肉齿类当中，鬣齿兽科的成员是当时最为特化的猎食者。和拥有一对裂齿的食肉目不同，鬣齿兽的颌部长出了多达三对连续排列的裂齿形臼齿。它们的后侧颊齿始终保持锋利，在切割肉和韧带时是非常强悍的利器。鬣齿兽有着细长的头骨、高耸的矢状嵴（附有为颌部提供咀嚼力量的强劲颞肌）以及拉长的四肢，这些特征经常与狼形动物的适应特征相似（图2.8和2.9）。然而，鬣齿兽没有犬类那样变化多端的牙齿（即裂齿后方用于磨碎食物的臼齿），鬣齿兽的牙齿不适合处理肉以外的其他多种食物。猫鬣兽属是生活在早中新世至中中新世（22百万－14百万年前）欧洲、非洲和南亚地区的鬣齿兽晚期分支，最终演化出了巨大的身体，可能也发展出了碎骨的适应特征。尽管猫鬣兽不像鬣齿兽属那样在适应切肉的方向上达到极致，但猫鬣兽属与其同时期的鬣齿兽属有着相似的大小和力量，争夺着当时顶级猎食者的地位。

鬣齿兽类在始新世的欧亚大陆和北美繁荣发展，在中新世进入非洲和南亚，它在捕食者群体中一直扮演着重要的角色。尽管最终在所有大陆上都被真正的食肉类所淘汰，但鬣齿兽走出了自己的道路，并且可能在塑造捕食大环境中扮演了重要的角色，对食肉类很多科的早期演化造成了深远影响。

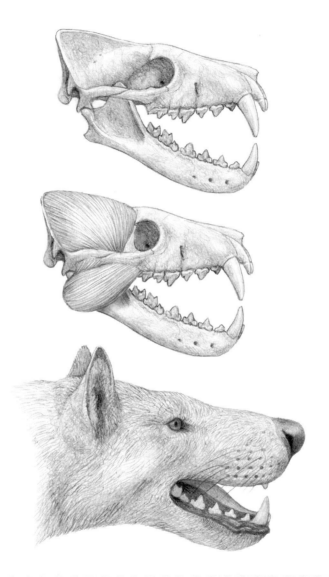

图 2.8 恐鬣齿兽（*Hyaenodon horridus*）

恐鬣齿兽头骨、咀嚼肌群和头部生前复原图。头骨全长 35cm。

犬科的起源及其他与犬类相似的食肉哺乳动物 23

图 2.9　恐鬣齿兽（*Hyaenodon horridus*）和苏氏猫鬣兽（*Hyainailouros sulzeri*）相同比例尺下的两种肉齿目鬣齿兽类生前复原图。前方为北美早渐新世（33 百万年前）的恐鬣齿兽，后方为法国早中新世（20 百万年前）的苏氏猫鬣兽。鬣齿兽类依稀有犬类的外形，但它们的头部相对身体的比例非常大。猫鬣兽复原肩高 1m。

袋鬣狗

　　在新生代的大部分时期，南美基本上是一个孤立的大陆，一道海峡（上新世发生了美洲生物大迁徙，见第 6 章和第 7 章）将其与北方近邻北美洲分隔开。南美几乎完全与世界其他地区隔绝，这里的有袋类在自己独特的演化道路上行进。在这样的孤立演化群体中，袋鬣狗科的各成员成了实际上的顶级猎食者。在没有来自世界其他地区的竞争者的条件下，袋鬣狗的多样性在早新生代迅速增加，出现了从古新世一直到上新世的众多捕食者。某些袋鬣狗类，如阿根廷早中新世（22 百万年前）的袋鬣狗，就是犬形的捕食动物（图 2.10 和 2.11）。袋鬣狗有着大的头部、长的颈部和相对短的腿。这些特征表明袋鬣狗可能像狼一样适应在多种栖息地生活。

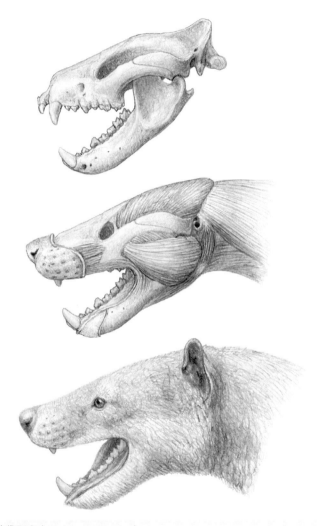

图 2.10　结节袋鬣狗（*Borhyaena tuberata*）

南美有袋类结节袋鬣狗的头骨、肌肉和头部复原图。这类动物中一些类群的前臼齿增大，适应于咬碎骨头；它们的牙齿依稀有些像鬣狗，这一类群的拉丁名指出了这个相似之处。头骨全长23cm。

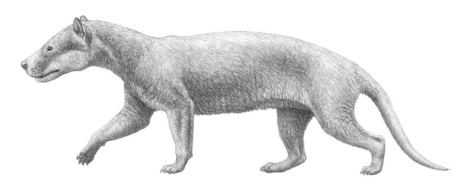

图 2.11　结节袋鬣狗

南美有袋食肉动物结节袋鬣狗的生前复原图。尽管有些犬类的外形，但这种动物的腿短，头却很大。复原肩高 36cm。

　　袋鬣狗虽盛极一时并登上了南美洲新生代的顶级猎食哺乳动物的宝座，但当真正的有胎盘食肉类跨过上新世（约 3 百万年前）新形成的巴拿马地峡来到南美的时候，袋鬣狗不得不让出了这个位置。犬科作为南美洲多样性最高的现代食肉类，可能在袋鬣狗的灭亡中起到主要的作用（第 7 章）。

<h2 style="text-align:center">袋狼</h2>

　　和南美相比，澳大利亚在新生代初期更加孤立，如同一个大陆一样大的孤岛。除了蝙蝠、啮齿类和卵生的单孔类等哺乳动物外，澳大利亚有袋类直到 5000 年前澳洲野犬抵达之前都是该大陆中陆生动物群体的主要部分（第 8 章）。在本土的捕食性有袋类中，著名的塔斯马尼亚狼（袋狼）可能是澳大利亚最接近犬

形食肉类的动物。澳大利亚的袋狼在欧洲人到达之前就已经灭绝，可能是与新来的野犬竞争导致其灭亡。塔斯马尼亚岛上残存的袋狼在 20 世纪也因人类的捕猎而灭绝。它的身体构造和头骨形态非常接近犬类，有长的吻部和长腿。然而，头骨和牙齿很多细节上的不同点说明袋狼不是犬类，这一点不容置疑。塔斯马尼亚"狼"与真正的犬类外表上的相似是趋同演化的很好的范例，在这个例子中，亲缘关系很远的两个类群演化出了功能上相似的结构。袋狼类在大洋洲的历史可以追溯至晚渐新世（25 百万年前），其早期类型，如迪氏袋狐（*Nimbacinus dicksoni*），是一种比塔斯马尼亚袋狼更小、特化程度更低的捕猎动物。

图 2.12　迪氏袋狐（*Nimbacinus dicksoni*）
澳大利亚里弗斯利中新世（22 百万年前）发现的迪氏袋狼生前复原图。这种中新世的动物比它的亲属——灭绝不久的塔斯马尼亚袋狼——更小，食肉方面的特化程度更低，可能称为袋狐更加适合。复原肩高 30cm。

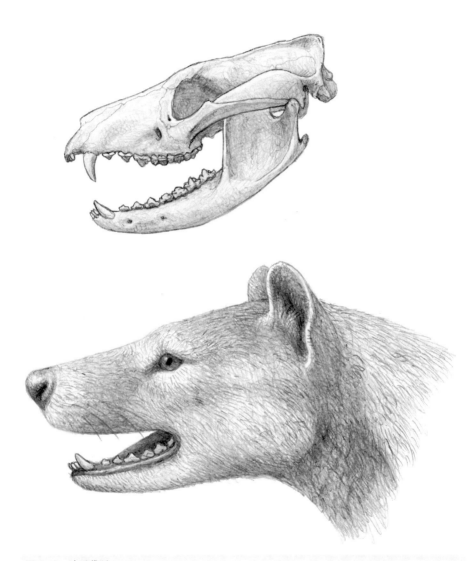

图 2.13　迪氏袋狐

有袋类迪氏袋狐头骨和头部复原图。头骨全长 13 cm。

犬类的起源和化石记录

犬科起源于北美，它们演化历程中大部分时间都是在这片大陆上度过的。食肉目的化石藏品一般很稀少，而且较为破碎，但犬类的化石却相对较多，而且经常比较完整，足以为系统发育分析提供丰富的比较材料。因为这一幸运情况，犬类的演化关系能够比其他食肉类更加详细地还原出来，而且犬科演化历史诸多重要阶段中各个类群化石记录缺失的情况也比较少。

北美的一些地区有大量信息可供追溯犬类的演化历史，而北美古生物学研究也有悠久的历史。北美大平原东起东部落叶林的西缘（大致沿北达科他州中部向南穿过内布拉斯加州、堪萨斯州、俄克拉何马州中部，直到得克萨斯州中部），西至落基山，跨越得克萨斯州、科罗拉多州、内布拉斯加州、怀俄明州和南达科他州，这一地区的沉积地层发育着从晚始新世（42百万年前）一直到晚更新世（0.01百万年前）的很长的地质记录。虽然因分布其间的地质间断而呈现出不连续性，但其连续部分足以显示犬类演化的大致框架，因此对确立大部分犬类类群的演化历史非常有帮助。北美本土犬类中三分之二的种的化石记录在这一地区发现。另一组重要的化石记录所显示的年代跨度较短，沿北美西部零散分布：落基山脉内的早新生代盆地提供了犬科起源的证据；加利福尼亚州大盆地（莫哈韦沙漠）、新墨西哥州的里奥格兰德（阿尔布开克和埃斯帕尼奥拉盆地）、蒙大拿州附近的北落基山地区和得克萨斯州、佛罗里达州海湾沿岸的岩层中均发现了中新世犬类

的重要演化记录。这些记录为犬类特定类群的起源提供了地理层面的证据，一些

类群先在特定的地点首次出现，之后扩散到更广的分布范围（图 2.14）。

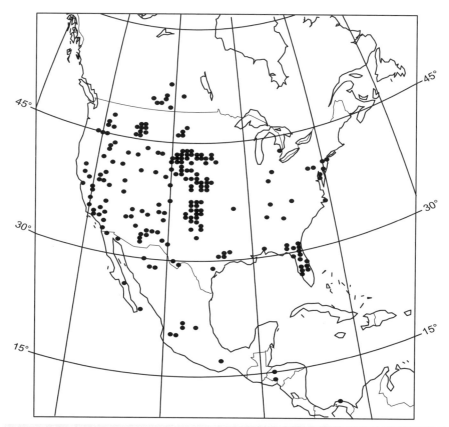

图 2.14　北美犬类化石分布地点

已知的化石分布地点集中在美国西部各州的中纬度地区（北纬 30 到 40 度），这一带的新生代

沉积出露最好，考察也最集中。（地图和数据由古生物数据库 http://paleodb.org 提供）

随着南、北美洲在晚新生代（3 百万年前）连通，以及之前北美和欧亚大陆在高纬度地区连通（7 百万年前），犬类迈出它们走出北美的第一步。犬类在这些大陆尤其是欧亚大陆演化出的后裔在后期开始重返北美，与北美的本土犬类动物群产生互动。高纬度地区的犬类动物群，包括狼、赤狐和北极狐都是起源于欧亚大陆。这些连通最终使犬科各成员成功地跨大陆分布，并且使广泛分布的犬科各个演化支系适应新的自然和生物环境。

3

犬科的多样性及其成员

在 4000 万年的演化历史中，犬科共出现了超过 214 个种（附录 1）。除了今天仍在我们周围的 37 个种之外，迄今为止全世界的化石记录中已知大约有 177 个已灭绝的种。随着全球范围内新的化石种的发现，这个数字必然还会增长。在这一章里，我们简要描述每个亚科中的一些种，为犬类演化的丰富世界提供一个大致的画面。

黄昏犬亚科

黄昏犬亚科以其成员黄昏犬属得名，是一种小型的原始犬类，也是后来大部分犬类的祖先类型。黄昏犬是犬科最古老的亚科，最早可追溯至近 40 百万年前的晚始新世，它们也是最先灭绝的。最后的成员弗氏奥氏犬生活在约 15 百万年前的中中新世。因此这个亚科的演化历史在北美延续了大约 2500 万年（附录 2）。黄昏犬的化石在整个美国西部的大部分地区均有发现，还有一些发现于加拿大和墨西哥。

黄昏犬起源于食肉类细齿兽科一个原始的食肉动物类群。细齿兽属中一些狐狸大小的种有可能逐渐演化成了最早的真正意义上的犬类原黄昏犬。这种小型食肉动物成为犬类的第一个标志可以在耳区找到，它的耳区发展出一种骨质外壳听泡，用以保护极度脆弱的中耳骨，也就是常说的听小骨，包括锤骨、砧骨、镫骨（图3.1）。所有的黄昏犬还有一个中等锋利、楔形的下第一臼齿（下裂齿，见第4章）和窄的上臼齿，这些特征有助于古生物学家辨认犬类的各个属种。

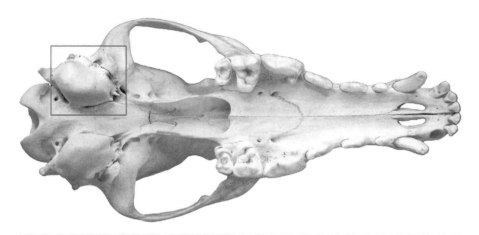

图 3.1 犬类头骨听泡（auditory bulla）

在这个郊狼（Canis latrans）头骨上可以看到听泡（方框内）的结构。听泡是一个保护耳骨（锤骨、砧骨和镫骨）的骨质外壳，与耳膜和内耳道相连，行使传递声音的重要功能（见图4.10和4.11）。

截至始新世末期（37 百万年前），黄昏犬属的各个种开始出现。北美大平原西部很多地方有千奇百怪的沉积岩露头并产出丰富的化石，一个常见的种是群集黄昏犬。这是一种很成功的食肉动物，一直延续到早渐新世（大约 34 百万年前），并演化出了几个新种。这些新种中有一些继续演化出了黄昏犬亚科中更进步的类群和犬类的其他亚科。它们中的羞怯古犬依次演化出了壮大的豪食犬亚科和真犬亚科纤细犬属中一个原始种（由于化石记录太少，我们无法给予它一个正式的学名，暂时称其为纤细犬未定种 A）。纤细犬是真犬亚科中最原始的成员，真犬亚科包含所有的现生犬类。所以黄昏犬扮演着犬科演化历史的中心角色，是后来所有犬类的祖先（包括所有三个大类：黄昏犬亚科、豪食犬亚科及真犬亚科）。

在经过过渡类群科罗拉多黄昏犬之后，中犬、巨齿犬（*Sunkahetanka*，源于北美苏族印第安语，意为大牙齿的狗）、海獭犬等类群相继出现，黄昏犬亚科开始大发展。这个支系是黄昏犬中最成功的，包含 11 个种，延续时间贯穿整个渐新世，一直到中新世之初（34 百万－24 百万年前）。这个类群演化趋势是身体增大和高度肉食性行为增加。它们的前臼齿逐渐变得粗壮有力，最终能够咬碎猎物的骨头。裂齿（尤其是下第一臼齿）变为更加锋利的刀刃状，其切割刃拉长并具尖锐的下跟座，这样其下三角座与跟座共同组成一个切割刃，进一步提升了切割的效率（图 3.2）。裂齿之后的臼齿退化。

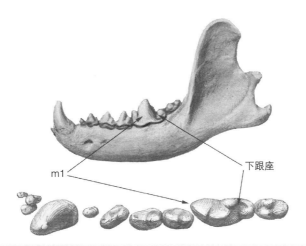

图 3.2 巨齿犬（*Sunkahetanka*）

黄昏犬类巨齿犬左下颌外侧面及咀嚼面，展示出带着醒目的下跟座的下第一臼齿（m1）或称下
裂齿。头骨全长 15cm。

处在这个高度肉食性类群基部的是中犬的三个种。中犬是一类存活了超过
一千万年的郊狼大小的捕食者。之后演化出来的是锁链犬，略微大一些也更强壮，
继续向高度肉食性的适应趋势发展。截至晚渐新世（29 百万－ 24 百万年前），
巨齿犬和好噬犬这两个属代表了中犬向海獭犬类群发展的下一个演化阶段。这两
属在大小和形态方面介于中犬与锁链犬之间。最终，海獭犬属在晚渐新世出现，
代表了第一种完全肉食性的犬类，并能够咬碎骨头及吸食骨髓。海獭犬繁盛程度
一般，有四个种生活在美国西部大部分地区，在早中新世（22 百万年前）灭绝，
结束了黄昏犬亚科中一个非常成功的类型在早期食肉动物群体中的统治地位。

奥氏犬于早渐新世从中犬—巨齿犬—海獭犬支系中分化出来；它一定程度上向低度肉食性的方向演化，是黄昏犬亚科中唯一表现出这种趋势的类群。早期的奥氏犬以早渐新世两个小型的种为代表。中渐新世至晚渐新世时期存在很长的化石记录空缺，奥氏犬中进步的种从早中新世开始出现，最终在中中新世（大约15百万年前）灭绝。

除了这些黄昏犬的优势类群，犬科早期分化的适应性序列中还有三个较小的类群。副海獭犬是一个包含三个种的小支系，发现于中渐新世至早中新世（32百万—22百万年前）的北美大平原北部。这个犬类中中等大小的属独立演化出高度肉食性的牙齿特征，和海獭犬发生平行演化。然而，副海獭犬没有获得海獭犬那种强壮、可用于碎骨的前臼齿。奇特的切齿犬属于晚渐新世突然出现在怀俄明州，可能是副海獭犬的一个早期旁支。

最后再说一类特殊的黄昏犬：异犬属。化石记录出现于中渐新世（32百万年前）的北美大平原。其他黄昏犬前臼齿经常有多个齿尖，相比之下，异犬的各成员有着独特的前臼齿列，它们的前臼齿大而圆，只有单个齿尖。异犬有三个种，这个稀少类群的化石只有在纽约的美国自然博物馆大量的犬类藏品中才能找到。原始异犬是最早也最原始的种，它是唯一稍大于黄昏犬属的种。原始异犬之后是一个过渡种中间异犬。中间异犬最终演化出了简齿异犬，是该支系的最终成员。异犬支系最晚的化石记录来自早中新世（约18百万年前）。

以下是我们所挑选的黄昏犬类的几个属，用来展示一些代表性的类群。排列顺序大致为从年代早的原始类型至年代晚的进步类型（附录2）。

原黄昏犬

原黄昏犬（*Prohesperocyon*，由拉丁文 *pro* [意为从前的、原始的] 和 *Hesperocyon* [黄昏犬] 组成）是犬科的早期成员，估测其体重不足1千克，具有一些细齿兽科才有的原始特征。细齿兽科是一类古老的原始食肉动物，可能演化出了犬形亚目（包括熊科、浣熊科和鼬科）。原黄昏犬的骨质中耳外壳（鼓泡）具有食肉目中各现生科（包括犬科）的特点，表明它是犬科的成员。这种原始犬类因发现于晚始新世（约36百万年）的美国得克萨斯州大本德国家公园（Big Bend National Park）岩层中的头骨和下颌而为人所知。

黄昏犬

黄昏犬（*Hesperocyon*，由希腊文 *hesper* [意为西方的] 和 *cyon* [意为犬] 组成）有小狐狸大小，体重约1到2千克，是后来所有犬类的祖先。这个延续时间很长的类群从晚始新世一直生活到晚渐新世（40百万—29百万年前），长达一千多万年（图3.3）。黄昏犬中耳的骨质外壳具有薄的骨壁并带有一个中隔。相比一些早期食肉类由不那么坚硬的软骨构成的鼓泡，硬质的鼓泡显然能让动物的听觉更加敏锐，在以后的日子里，几乎所有现生食肉类都获得了这项优势。黄昏犬是当时数量最多的小型猎食动物。这种小型犬类保存良好的化石记录，在博物馆藏

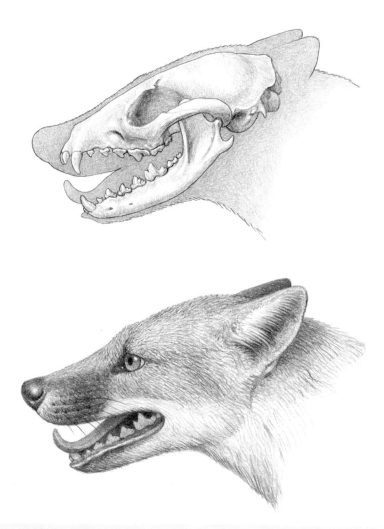

图 3.3 群集黄昏犬（*Hesperocyon gregarius*）

群集黄昏犬的头骨、下颌和头部复原图。因为黄昏犬身体小，有着尖突的吻部和大眼眶，它的头骨外形大体上很像原始的细齿兽类，也像小狐狸、灵猫或是麝香猫。复原大部分根据产自美国怀俄明州（32 百万年前）的 USNM 437888 标本，其他标本作为补充参考。头骨全长大约 8cm。

品中并不罕见。随处可见的化石也是 19 世纪杰出的古脊椎动物学家爱德华·德林克·科普（Edward Drinker Cope）将黄昏犬属中数量最多的一个种命名为群集黄昏犬的原因，这表明它们有可能聚居在一起过社群生活。黄昏犬的前后脚仍然都具有五个趾，而更进步的犬类则缺失了前后脚的第一趾（大脚趾，见图 3.4）。尽管黄昏犬可能并不是完全趾立式的（第 4 章），但它的前后脚趾的骨骼变得更紧凑，表明了它的姿势更近于直立。这种小型捕食者有相对较长的爪子，可能仍然能够爬树。可能属于黄昏犬的粪化石中含有小型啮齿类和兔子（如古兔）的骨头，表明其食物可能包括小型脊椎动物。

中犬

中犬（*Mesocyon*，由拉丁文 *meso*[意为中间的] 和希腊文 *cyon* [意为犬] 组成）的体重在 6 到 7 千克之间，大小如郊狼。中犬是黄昏犬类向中等大小和专一食肉性（高度肉食性，见第 4 章）发展的过渡类型。中犬的出现代表犬科在这个趋势上迈出了第一步。在过渡类型如锁链犬和巨齿犬之后，中犬这一支系最终演化出一类凶恶的捕食动物海獭犬。中犬的生存时间跨度很长，从早渐新世到早中新世（34 百万－ 21 百万年前）。最著名的中犬化石出产于美国俄勒冈州中部的约翰迪国家化石岩层遗址（John Day Fossil Beds National Monument），它们也发现于加利福尼亚州南部和北美大平原北部。

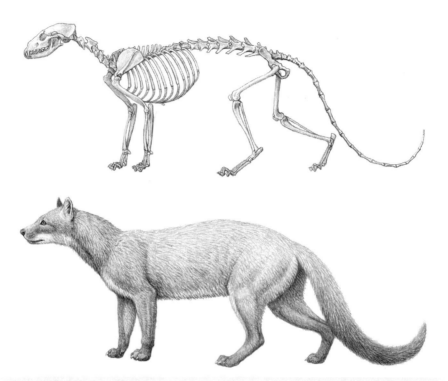

图 3.4　群集黄昏犬

主要根据产自美国科罗拉多州（32 百万年前）的 AMNH 8774 标本绘制的群集黄昏犬骨架及复原图。其站姿主要根据具有相似骨架形态的现生食肉类，特别是灵猫和麝香猫等复原。像这些现生食肉类一样，黄昏犬有着较短的前肢骨，尤其是远端（下端）部分，掌骨（前脚掌的骨骼）非常短，这与现生犬科不同。灵猫和麝香猫在树枝上行走时是蹠立式，但在地面上行走时则是趾立式。它们和现生犬类一样，后脚呈一定角度接触地面，而不是完全直立。这种姿势有时候被称为半蹠立式。尽管黄昏犬有可能在身体姿态和比例方面近似麝香猫，但此处的毛皮花纹是根据犬科中犬亚目的现生成员中广泛存在的花纹形状总结出来的，具有推测性。像麝香猫身上那样的斑点纹饰在犬类近亲的身上是完全看不到的，推测黄昏犬的毛皮是某种颜色简单的朴素外观似乎是比较稳妥的。复原肩高 20cm。

图 3.5　首领中犬（*Mesocyon coryphaeus*）

首领中犬的外形复原图。头部主要根据产自美国俄勒冈州（28 百万年前）的正型标本 AMNH 6859 头骨复原。由于缺少相关联的头后骨骼，身体比例根据其近亲种杰灵巨齿犬（*Sunkahetanka geringensis*）复原。复原肩高 40cm。

海獭犬

海獭犬（*Enhydrocyon*，由 *Enhydra*［海獭属，指这一类群的头骨形似海獭］和希腊文 *cyon*［意为犬］组成）体重通常大于 10 千克，是犬类中第一个发展出相对大的身体和强壮头部的类群（图 3.6 和 3.7）。海獭犬有着粗壮的前臼齿，也许能咬碎猎物的骨头并吸食营养丰富的骨髓。海獭犬是犬类中第一个接近顶级猎食者的，在中渐新世到早中新世（29 百万－21 百万年前）发展繁盛。

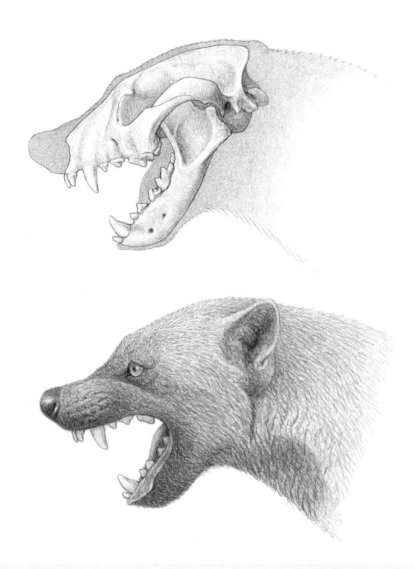

图 3.6　粗齿海獭犬（*Enhydrocyon crassidens*）

根据产自美国南达科他州（28 百万年前）的正型标本 AMNH 12886 头骨绘制的粗齿海獭犬头骨、

下颌及头部复原图。

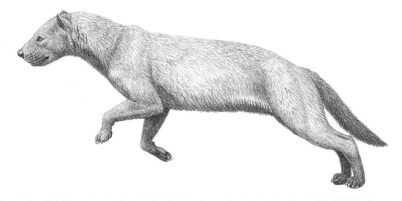

图 3.7　粗齿海獭犬

主要根据正型标本 AMNH 12866 局部骨架绘制的粗齿海獭犬外形复原图。尽管粗齿海獭犬的肩高比现生胡狼要矮得多，它仍算是一只比较大型的动物，有着粗壮的头骨，四肢和颈部较短。复原肩高 44cm。

奥氏犬

　　奥氏犬（由人名 Osborn [中译名为奥斯本] 和希腊文 *don* [意为牙齿]组成，得名于纽约的美国自然博物馆古脊椎动物部创立者亨利·费尔菲尔德·奥斯本）身体大小变化较大，小的如狐狸，大的如狼。这个类群最早的两个种，人杰奥氏犬（以翟人杰命名）和塞氏奥氏犬出现于早渐新世（33 百万－29 百万年前）。它们的杂食性程度更高（低度肉食性，见第 4 章）。它们的下臼齿增大，这种用来研磨食物的白齿可以处理更加丰富多样的食物，而不限于肉食。这种杂食性适应在后期的狗中更加常见，如豪食犬类和犬类。在长达 8 百万年的化石记录缺失之后，更进步的种类出现于早中新世（约 21 百万年前）的美国西部。体重接近 20 千克的弗氏奥氏犬是黄昏犬亚科中最大的（图 3.8 和 3.9）。这个类群的身体大小已经达到了一个临界点，使得它能够捕捉比自身更大的猎物。和大型猎食动物（高度肉食性，见第 4 章）常见的情况一样，这个种也是黄昏犬亚科在北美最后的成员。奥氏犬一直存活至 15 百万年前，其化石发现于美国西部的中中新世岩层中。

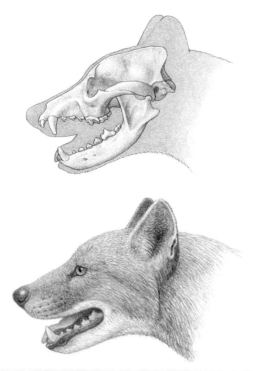

图 3.8　弗氏奥氏犬（*Osbornodon fricki*）

根据产自美国新墨西哥州（15 百万年前）的头骨正型标本 AMNH 27363 和内布拉斯加州（15 百万年前）的头骨标本 F: AM 67098 所绘制的头骨、下颌骨和头部生前复原图。头骨全长大约 23 cm。

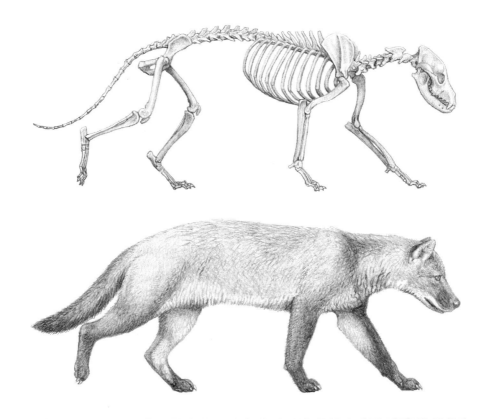

图 3.9　弗氏奥氏犬

弗氏奥氏犬骨架与生前外形复原图，主要根据产自美国新墨西哥州（15 百万年前）的骨架正型
标本 AMNH 27363 绘制。颈部比例根据其近亲种短足奥氏犬（*Osbornodon brachypus*）。胫骨
长度不明，但依据较短的前肢推测，其后肢也较短。与具有相似体重的现生灰狼（体重根据长
骨的厚度和关节区域面积推测）相比，弗氏奥氏犬具有更短的远端（下端）部分，结果使弗氏
奥氏犬具有中等的肩高，约 55 cm。它的颈部比灰狼稍短些，一些肌肉附着的位置更加明显。
弗氏奥氏犬生前可能看起来有些像短腿的灰狼。

豪食犬亚科

豪食犬亚科以豪食犬属得名，豪食犬属是犬类中一个体形很大的旁支类群，发展出了强壮的碎骨型牙齿。由于这种高度特化的牙齿，豪食犬又被称为"鬣狗形犬"。然而，很多比较原始的豪食犬类并不是碎骨动物。事实上早期豪食犬大多向相反方向演化，例如向小型杂食动物甚至植食动物的方向发展。豪食犬首次出现于 32 百万年前，在 2 百万年前衰落并走向灭绝，从中渐新世延续至上新世。在三千万年的生存时间里，它们一直留在北美大陆。在犬类的演化历史中，豪食犬有着最高的多样性（接近 70 种），占据最广阔的生态位——从高度肉食性、超大型的近犬属和豪食犬属，到低度肉食性的中小型杂食性类群，如似熊犬属、贪犬属和熊犬属。豪食犬的多样性在中中新世（约 16 百万— 12 百万年前）达到顶峰，多达 15 个种占据着整个北美大陆（相比之下，只有 6 到 7 种现生犬类生活在北美），在数百万年里一直是这里的顶级食肉动物。

豪食犬亚科最初起源于一种小如狐狸的属，叫作古犬属，它是黄昏犬的后代。古犬下第一臼齿长出了由两个小齿尖，即下次尖和下内尖组成的盆状下跟座。上臼齿也发生了相应的变化，比如出现了一个额外的齿尖，叫作后小尖。这些牙齿上的变化被豪食犬亚科后续的所有类群所继承，是辨认豪食犬类的重要特征（图 3.10）。和古犬大致生活在相同时期的还有一些狐狸大小的门类，如走廊犬属、大耳犬属和根犬属等。通过这些基本类型，早期豪食犬的多样性可见一斑。它们朝着肉食性程度低的小型猎食者的方向发展，食性广泛，以无脊椎动物、水果和小型脊椎动物为食。

在起初的多样性增长之后，早期豪食犬在其演化历史前半段的大部分时间，即渐新世至早中新世（34 百万−17 百万年前）仍保持着小到中型的大小。许多类群如似熊犬和贪犬牙齿的特化发展显示出杂食性，非常像现在的浣熊。构成贪犬族的这两个属是犬科演化历史中第一批低度肉食性的类群。豪食犬演化的下一个阶段中出现了两个过渡类群，基犬属和丝带犬属，这两个属保存良好的材料遍布美国西部。这两个过渡性的属之后又是另外一个杂食性类群，以熊犬属和副熊犬属为代表，归属于熊犬亚族。因此，相比同时代的黄昏犬，豪食犬的早期演化中包含了一些低度肉食性的类群，并未发展出较强的捕猎行为。更大、更具优势的黄昏犬此时已经建立了顶级猎食者的地位，豪食犬这种捕猎行为减少的趋势可能显示了来自黄昏犬的竞争压力——早期的豪食犬可能被迫向杂食的生态型发展，以此来减少与黄昏犬的竞争。

m1 的下跟座

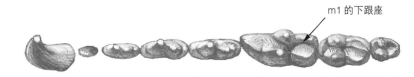

图 3.10　古犬（*Archaeocyon*）

早期豪食犬类，古犬的左下齿列咀嚼面视图，展示了下裂齿（m1）的盆状下跟座。

豪食犬演化的下一个阶段出现了一些过渡性的属，朝着更大、肉食性程度更高的方向发展，它们主要生活在早中新世至中中新世（19百万－15百万年前）。后切割犬、小切割犬、原切割犬和火岩犬是这一类犬类的代表。这几类中等体型的犬类大体上向着程度更高的捕猎性演化，其中甲犬属和剪刀犬属甚至发展出了完全食肉的特性。在这个过渡阶段，豪食犬仍然很小，无法与当时已经确立了顶级猎食者地位的大型类群如黄昏犬和同时期的猫科动物相抗衡。如果想进行这样的挑战，豪食犬还要等到下一个演化阶段——猫齿犬亚族出现。

从切割犬属开始，豪食犬于中中新世至晚中新世（16百万－9百万年前）迅速转变，形成强大的高度肉食性的捕猎者猫齿犬亚族。豪食犬中首次出现的顶级猎食者类群由切割犬属和猫齿犬属两个属组成。切割犬属的发展非常有限（与早期包含更多种的属相反），它在演化出顶端类群猫齿犬属之前的阶段只包含两个过渡种，即噬马切割犬和短吻切割犬。随着拥有六个种的猫齿犬属的出现，豪食犬真正奠定了其霸主的地位，没有其他捕食者可与之匹敌。这一标志性的事件似乎出现在最后的黄昏犬类奥氏犬属衰亡之后。

中中新世也见证了豪食犬中最后的门类豪食犬亚族的出现。这个亚族于中中新世早期从猫齿犬亚族分离出来，一直延续到晚上新世（16百万－2百万年前）。这个类群的早期祖先属于副切割犬属，一种郊狼大小、特化程度较低的捕食者。另一个早期的属腕犬属于中中新世最早期（约16百万年前）从副切割犬中分化出来，达到中等多样性，包含四个种，其中一个种，即韦氏腕犬可达到现在的狼的大小。腕犬属也长出了肉食性特征相对较弱的牙齿，在一个主要向着高度肉食性方向发展的类群当中，腕犬的这种变化表明了向杂食性的微小转变。

中中新世初期，豪食犬的最终类群原近犬属－近犬属－豪食犬属分支出现。这个分支是当时的顶级猎食者，其成员达到豪食犬演化的顶点。特别是近犬属成为犬类演化历史中体形最大的类群，拥有强大的碎骨型牙齿。我们的记录显示，这个高度肉食性的类群首次于晚中新世的加利福尼亚州和新墨西哥州演化出来（拉氏原近犬）。它们快速扩散至北美的大部分地区，并于最晚中新世（约5百万年前）灭绝。

最后，壮大的豪食犬属从近犬属的一个早期种中产生。豪食犬的牙齿具备碎骨型牙齿的一些最为极致的特征。这个壮大的碎骨动物类群拥有8个种（一些种之前归到豪食犬属的异名食骨犬之下）。像近犬一样，豪食犬属最早的种（滨海豪食犬）于晚中新世（约5百万年前）出现在加利福尼亚州，向东迅速扩散到北美的其他地区。除了佛罗里达州的一个小型种（冥王豪食犬）之外，豪食犬大部分成员都逐渐变大，碎骨型牙齿也变得更强劲。这在豪食犬最后的种异齿豪食犬中发展到极致。随着异齿豪食犬于最晚上新世（约2百万年前）灭绝，豪食犬亚科的历史终结了，尽管有不确定的证据表明豪食犬有可能在墨西哥生存至更新世。

我们选了一些豪食犬的属，对它们进行描述和图解说明，提供了更多关于这些具有代表性的类群的知识。排列顺序大致为从年代早的原始类型到年代晚的进步类型（附录2）。

古犬

古犬属（*Archaeocyon*，由希腊文 *archae*［古代的］和 *cyon*［犬］组成）的大小和外表都与黄昏犬属非常相似，是所有其他豪食犬类的祖先。古犬属的化石也构成了豪食犬亚科早期记录的一部分。这个属以两个种为代表，这两个种都有相对长时期的化石记录。古犬属的化石可以在北美大平原北部和北美西海岸发现，时间从中渐新世延伸至晚渐新世（32百万－24百万年前）（图3.11和3.12）。

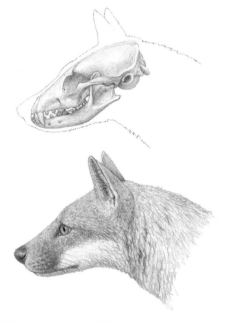

图 3.11 纤细古犬（*Archaeocyon leptodus*）

根据产自美国内布拉斯加州（27 百万年前）的 F:AM 63971 等几件标本绘制的纤细古犬头骨、下颌及头部复原图。头骨全长大约 10cm。

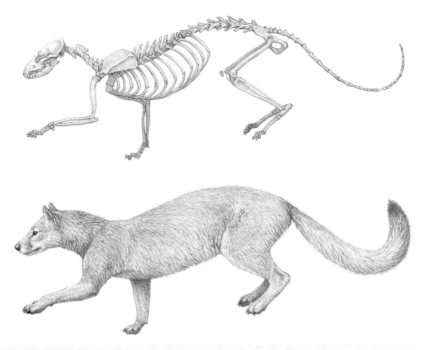

图 3.12　纤细古犬

主要根据产自美国怀俄明州（27 百万年前）的骨架标本 F:AM 49060 绘制的纤细古犬骨架及外形复原图。古犬的大小、身体比例与伫姿都和黄昏犬相似，复原以此为依据。这些原始的犬类有着类似现生麝香猫的相对长的胫骨和后足，表明跳跃能力发达。因此总的来说，它们一定是一群极度灵活且运动全能的小生灵。复原肩高 27cm。

大耳犬

大耳犬属（*Otarocyon*，由希腊文 *Otaro*s[大耳朵的] 和 *cyon* [犬] 组成）是最小的犬类之一，但它有非常大的鼓泡，这个骨质听泡包裹着中耳骨（图 3.13）。

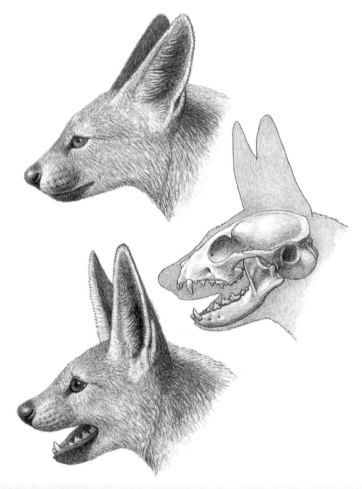

图 3.13　库氏大耳犬（*Otarocyon cooki*）

根据产自美国怀俄明州（27 百万年前）的标本 F:AM 49020 绘制的库氏大耳犬头骨、下颌和头部复原图。这种小型犬类硕大的听泡表明其有着非常大的外耳廓。这种复原出来的动物和现生的耳廓狐在头部的大致外形上有很大的相似性，都有大眼睛和很小的尖突吻部。这些特征使这种犬类有了一张令人印象深刻的富有特色的脸。头骨全长大约 6cm。

与之相似，增大的鼓泡在现生耳廓狐身上也可以看到，耳廓狐生活在撒哈拉和阿拉伯的沙漠地带，也具有竖起的硕大外耳。其外耳的长度几乎达到身长的一半。这种特殊的耳朵构造或许有两个功能：一是巨大的听泡帮助收听地底下猎物的声响（例如老鼠掘洞的声音）；二是巨大的外耳不但可以增强收集声音的能力，也帮助散发体热。这样一个增大的泡体可能是增强在沙漠环境中收听低频声音能力的适应特征，而大耳犬膨大的中耳区极有可能也连接着一个大的外耳，是一种对开阔环境的适应。大耳犬有着豪食犬类最古老成员的特殊地位，生存年代可早至早渐新世（34 百万年前）。这种狐狸般大小的豪食犬类体重不足 1 千克，仅生活于现今美国的南达科他、怀俄明和蒙大拿等北方州。

似熊犬

似熊犬属（*Cynarctoides*，由 *Cynarctus* [熊犬，豪食犬的一个属] 和希腊文后缀-*oides* [意为相似的] 组成）的特征是有一组与蓬尾浣熊状态相似的奇特齿列。似熊犬的牙齿还发展出脊状结构，这种结构在偶蹄类（羊和牛一类的动物）身上被称为新月形齿。这样的结构是供植食动物处理食物而生的，极少出现在食肉动物身上。事实上，似熊犬是唯一拥有这种特殊结构的犬形食肉类。这里便出现了一个有趣的问题：似熊犬是否是植食动物？纯粹的植食行为在食肉类中是极其少见的，仅见于中国南部的现生大熊猫和小熊猫。似熊犬的 7 个种在北美西部的大部分地区蓬勃发展，所有的种都维持着很小的体形，体重不超过 1 千克。

贪犬

贪犬属（*Phlaocyon*，由希腊文 *Phlao*［意为贪食］和 *cyon*［意为犬］组成）是另一个低度肉食性的类群。贪犬生活于中渐新世至中中新世（30 百万－16 百万年前），拥有 9 个种，身体从敏狐大小至大郊狼大小（图 3.14）。其小型至中型成员的丘形牙齿（bunodont dentition，与人类牙齿相似）非常像浣熊，食性也同样是

图 3.14 白骨贪犬（*Phlaocyon leucosteus*）

主要根据产自美国科罗拉多州（28 百万年前）的正型标本 AMNH 6768 骨架绘制的白骨贪犬外形复原图。这种小型犬类的大小和古犬相似，但有着稍微不同的身体比例，如较短的远端（下端）肢骨。特别是贪犬的胫骨（或称小腿骨）非常短。在皮毛复原中，面罩状的脸部纹饰参照动物学家克里斯·纽曼（Chris Newman）、克里斯廷·D. 比兴（Christine D. Buesching）和杰瑞·O. 沃尔夫（Jerry O. Wolff）的研究（2005）。这项研究指出脸部的面罩纹饰在广大"匪帮"食肉动物（包括浣熊、獾、灵猫以及貉等）中是独立演化出来的特征，用来警告更大型的猎食动物，防止对方袭击。贪犬身体大小一般，而且可能是杂食动物，非常有可能演化出面罩纹饰。复原肩高 22cm。

杂食（图 3.15）。然而，两个大型种朝相反的方向发展，变成下颌粗壮的肉食性动物。早期的古生物学家因贪犬的牙齿解剖结构与浣熊相似，错误地将其归入了浣熊科。类似浣熊的牙齿特征现已公认是独立演化的结果。独立获得牙齿上相似的解剖结构，这种现象在食肉类的演化中非常普遍。这为不同演化支系出现相似特征的趋同发展提供了非常好的例子，这种趋同产生于功能上相似的需求。

熊犬

熊犬属（*Cynarctus*，由希腊文 *kynos*［意为犬］和拉丁文 *arcto*［意为熊］组成）属于就牙齿特征而言肉食性程度极低的类群（图 3.16）。比较发达的成员臼齿显著变大，发展出很多小的齿尖，与熊科非常相似。熊犬属及其姐妹类群副熊犬属主要生存于中新世（19 百万－9 百万年前），它们的平均体重不足 15 千克，多样性程度达到中等，有 5 个种。除了熊犬属通常出现在北美西部外，副熊犬属还是豪食犬中能在沿北美东海岸分布的东部落叶林（Eastern Deciduous Forest）中栖息的少数几个种之一，这可能是由于它与大部分犬类相比通常更适应林地环境。不过近年来真正的熊犬属也在东海岸的马里兰州被发现。

图 3.15 白骨贪犬

根据产自美国科罗拉多州（28 百万年前）的正型标本 AMNH 6768 头骨绘制的白骨贪犬头骨、下颌及头部复原图。头骨全长约 9cm。

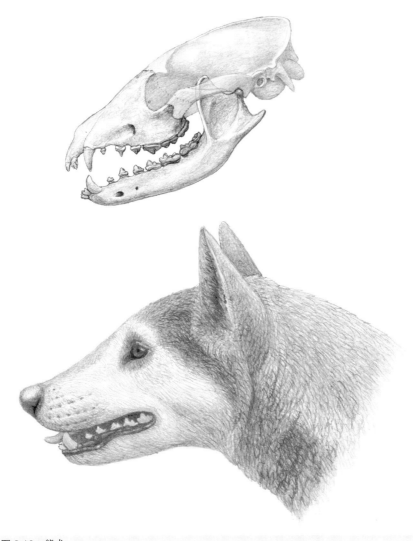

图 3.16　熊犬

根据产自美国内布拉斯加州（10 百万年前）的标本 F:AM 49172 绘制的熊犬头骨、下颌及头部
复原图。头骨全长 20cm。

犬科的多样性及其成员

切割犬

过去，很多中型豪食犬被归入切割犬属（*Tomarctus*，由拉丁文 *tom*[意为切割]
和 *arcto*[意为熊]组成），因此这个属比较杂乱，并不构成传统的自然分支（一
个显示谱系关系的类群，包含一个祖先及其所有后代）。它是一个分类"垃圾桶"，
很多不确定的种都被丢进来。在这里我们采用的分类方法是大幅减少切割犬的成
员，只剩下朝向猫齿犬属演化的两个种。切割犬的这两个种生存于中中新世（16
百万−14 百万年前）的北美西部，体重在 14 至 18 千克。之前归为切割犬的其他种，
现在都单独建立了自己的属一级分类单位。在很长一段时间内，切割犬由于下第
一臼齿具有盆状下跟座而被认为与现生犬属有亲缘关系。这种观点经常出现在流
行读物中。然而我们的研究将盆状下跟座追溯至豪食犬和真犬类同时起源的时代。
因此，这一特征不能作为切割犬属与犬属特殊亲缘关系的标志。实际上，我们现
在知道这两个属的亲缘关系非常远。

猫齿犬

这个高度肉食性的类群是豪食犬中第一个发展出足以咬碎骨头的强壮下颌和
粗大牙齿的。猫齿犬（*Aelurodon*，由希腊文 *ailurus*[意为猫]和 *don*[意为牙齿]组成）
体重在 20 至 40 千克，大约 16 百万年前从切割犬中演化而来，最早的类型是弱柱
猫齿犬，最终的类型是巨大的似美洲獾猫齿犬，生存于约 9 百万年前（图 3.17）。

图 3.17 凶暴猫齿犬（*Aelurodon ferox*）

主要基于产自美国内布拉斯加州（10 百万年前）的标本 F:AM 61746 局部骨架，再根据分别产自内布拉斯加州和新墨西哥州的两具局部骨架完善后绘制的凶暴猫齿犬骨骼、肌肉及外形复原图。除去较短的颈部和略短的远端（下端）肢骨部分，凶暴猫齿犬的大小和身体比例与现生灰狼相似。与现生犬类不同的是，猫齿犬和所有其他豪食犬类的后脚都有一个细小但容易辨认的第一指节（骨骼图中以箭头标示）。复原肩高 75cm。

犬科的多样性及其成员

猫齿犬和现生非洲野犬之间有许多形态上的相似点，例如，它们都有宽大的腭部、多齿尖的前臼齿以及锋利的切割齿（裂齿，图3.18）。由于现生非洲野犬是集群捕猎的动物（第5章），不免让人推测猫齿犬可能也能集群狩猎。

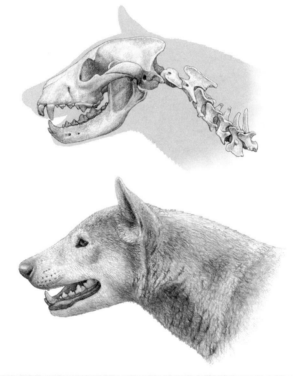

图 3.18 麦氏猫齿犬（*Aelurodon mcgrewi*）

根据产自美国内布拉斯加州（11百万年前）的正型标本 F:AM 22410 局部骨骼和 F:AM 61778 头骨标本绘制的麦氏猫齿犬头骨、颈椎及外形复原图。猫齿犬头骨粗壮，上颌骨高，高耸的矢状嵴为强劲的颞肌提供附着，可能和现生犬类中捕食能力最强的类群如印度野犬、非洲野犬相似，甚至有可能更加强大，令人想到现代的鬣狗。

近犬

近犬（*Epicyon*，由希腊文 *epi*［意为近前的］和 *cyon*［意为犬］组成）的大部分成员体重都在 30 至 75 千克之间。最大的近犬可与一头棕熊体重相当。这使它们在当时真正成为顶级的犬科动物。实际上没有其他犬类超过这个体重。近犬属起源于一个叫作原近犬属的分支，它们像一些鬣狗一样长有增大的下第四前臼齿，可以有力地撕咬（图 3.19）。将力量集中在这颗牙齿上就可以将骨头咬碎，吸出营养丰富的骨髓。这个分支（包括它的祖先类型原近犬属）有很长的演化历史，生存时间从 16 百万至 7 百万年前，其化石在整个北美西部都可以发现。这段时期的大部分时间里，在很多发现近犬属化石的地点都同时生活着狂暴近犬和海氏近犬这两个种，后者总是更大（图 3.20 和 3.21）。这两个形成竞争关系的种的共存导致了明显的性状分化。这是一种生物现象，不同种之间通过身体大小差异，尽量避免争夺相同的资源，从而能够共生。在现有的情况下，狂暴近犬通过拥有较小的身体以及搜寻稍微不同的食物（较小的猎物）与海氏近犬保持一定的差异。有趣的是，尽管这两个种的身体都朝着增大的方向演化，但始终保持着相对恒等的大小差异，来维持彼此之间的"距离"。

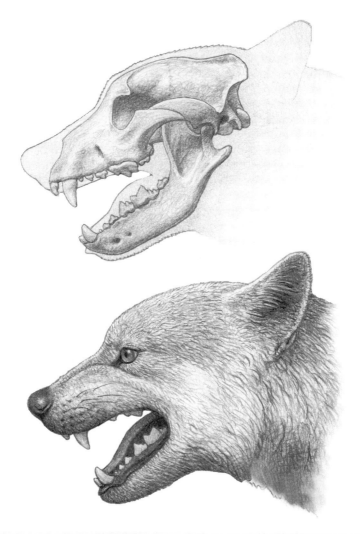

图 3.19 海氏近犬（*Epicyon haydeni*）

根据产自美国堪萨斯州（ 10 百万年前 ）的 F:AM 61474 局部头骨及其他标本绘制的海氏近犬头骨、

下颌及头部复原图。头骨全长约 34cm。

图 3.20 狂暴近犬（*Epicyon saevus*）

根据产自美国内布拉斯加州（10 百万年前）的 AMNH 8305 局部骨架及其他标本绘制的狂暴近犬外形复原图。复原肩高 56cm。

图 3.21 海氏近犬

根据产自美国堪萨斯州的几件标本绘制的海氏近犬复原图。复原肩高 90cm。

犬科的多样性及其成员

豪食犬

豪食犬属（*Borophagus*，由希腊文 *boros* [意为贪婪的] 和 *phago* [意为吃] 组成）是整个豪食犬亚科名字的由来，酷似鬣狗的犬类形象一直和这个类群紧密相连（图 3.22）。豪食犬属是这个亚科最后的成员，体重在 20 到 40 千克，或者更重。它首次出现于中中新世晚期（约 12 百万年前）的太平洋沿岸。豪食犬起源于近犬，

图 3.22　异齿豪食犬（*Borophagus diversidens*）

根据产自美国得克萨斯州（4 百万年前）的 MSU 8043 骨架标本绘制的异齿豪食犬外形复原图。尽管由于豪食犬有极其适应碎骨的牙齿特征，它经常被认为形似鬣狗，但产自得克萨斯布兰科坝宁的非常完整的骨架清楚地表明，豪食犬并没有鬣狗那样短的后肢和倾斜的背部，相反身体比例更接近典型的犬类，有着长的后肢和平直的背部。复原肩高 62cm。

和近犬一样，它的下第四前臼齿极度增大，是另一种能高效碎骨的动物。为了进一步增强咬碎骨头的能力，它长着强壮的下颌和隆起的前额，这有助于强化下颌的强度，以提供碎骨所需要的强大力量（图 3.23）。豪食犬在晚中新世初期（约 9 百万年前）扩散至北美的其他地区，包括美国佛罗里达州和墨西哥中部。就在冰河时代（1.8 百万年前的更新世）开始之前，豪食犬走向了灭绝，从而结束了这一强大的豪食犬支系 3000 万年的生存时代。

真犬亚科

尽管犬科和豪食犬亚科同时开启演化历史（二者是姐妹群的关系），真犬亚科的成员是犬科唯一存活至今的代表。真犬亚科和豪食犬亚科都起源于早渐新世（32 百万年前）的北美（附录 2）。像豪食犬一样，真犬类直到晚中新世（6 百万年前）之前都留在北美。当时，亚洲和北美之间的白令陆桥（现在的白令海峡）是连通的；三百万年之后，中美洲抬升形成巴拿马地峡，连通了南、北美洲大陆。真犬类得益于两处陆桥，扩散至欧亚大陆及南美大陆。这些事件令真犬类可以在大部分温带和热带地区捕捉到新的猎物，真犬类对这项好处做出了回应，在新的大陆上呈现爆发式演化。

到了晚中新世，真犬类的多样性才开始出现大规模增长（适应辐射）。在之前的将近 2300 万年间，它们都是和祖先门类（纤细犬属的各个种）一样的特化

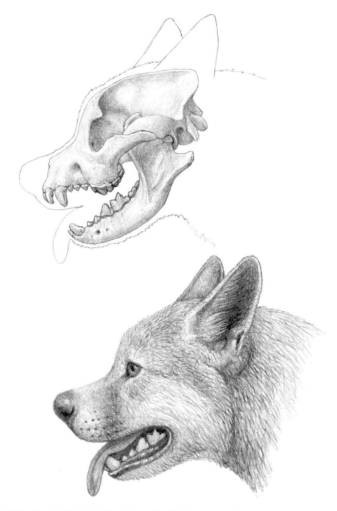

图 3.23　好运豪食犬（*Borophagus secundus*）

根据产自美国得克萨斯州（6百万年前）的 F:AM 23350 标本和产自内布拉斯加州的 AMNH 18919 标本绘制的好运豪食犬头骨、下颌及头部复原图。在豪食犬类当中，豪食犬属的头骨显示出最明显的与碎骨相关的适应特征，包括短的吻部和强烈隆起的前额。头骨全长约21cm。

程度低的小型类群。它们在中新世的大部分时期一直受到更大的黄昏犬以及演化势头更猛的豪食犬的压抑而无法向大型食肉类的方向演化。直到豪食犬在上新世仅剩下几支巨型食骨的类群后，真犬的机会才来了。

真犬亚科中最早出现的纤细犬属是狐狸般大小的犬类，食性很杂，从小动物到水果都吃。迄今为止纤细犬属已发现 11 个种。这些种有着非常相似的牙齿特征，身体都很小，表明它们基本适应于杂食的特征在整个中新世几乎没有改变过。它们和早期的豪食犬如古犬属很像，但下颌更窄长，牙齿也细小。纤细犬的这些特征更有利于捕捉小而灵活的猎物，而不是像它们的竞争者豪食犬那样展开致命的撕咬。狐属的成员都是纤细犬的后代，它们继承了这一适应特征，但某些种如北极狐除外。北极狐有着更大的牙齿，容纳于其更深的下颌中，使北极狐能对付略比它小的北极兔，这是一种与豪食犬之间发生平行演化的现象。

大约 10 百万年前，后狐属出现在了狐属支系当中，后狐属和现生灰狐属同属一个支系。后狐属和灰狐属的裂齿与臼齿的咀嚼部分都增大，适于吃植物和昆虫，再次和中新世豪食犬类中的似熊犬属出现平行演化。真犬类中出现低度肉食性的类型是真犬亚科适应范围增大的第一个标志，从晚中新世至现代，真犬类出现不同的生活方式并逐渐演化。一个新的适应特征就是额骨中鼻窦增大。增大的鼻窦位于鼻甲骨之后——鼻甲骨是与温湿度交换和嗅觉相关的器官（第 4 章）——这似乎与增大的牙齿对头骨的作用力相关。然而，连狐狸大小的真犬类都具有这个鼻窦，所以这个适应特征并不一定与身体大小相关。不过，这个特征几乎仅限于捕食能力更强和肉食性程度更高的类型，说明可能与捕猎者在抓捕和食用大小接近或大于自身的猎物时头骨所受到的应力有关。这个适应特征可能就是最终使犬科能够对付不断增大的猎物的关键所在。

真犬亚科最早通过白令陆桥抵达东亚的时间为早上新世（5百万—4百万年前），当时全球处于一段温暖的时期，海平面相对较高（不过真犬类似乎早在6百万年前的晚中新世就已经抵达欧洲和非洲，见第7章）。这一变暖事件造成大陆架被海水淹没，但位于现今白令海峡位置的白令陆桥也因该地区反复抬升的影响而连通。通过这条路径扩散至亚洲的真犬类在华北地区的沉积中有良好的化石记录。这些沉积地层中含有现生貉属的化石种。貉属现今只分布在东亚。貉属显示出与食蟹狐有很近的亲缘关系，食蟹狐现今只生活于南美，但它最早的化石记录出现在晚中新世的北美。

与貉同时出现的是始犬属，和犬属有很近的亲缘关系，但现在已经灭绝。事实上，这个属在亚洲最早的种戴氏始犬和北美的同一个种一模一样。戴氏始犬于早上新世（5百万年前）在北美灭绝，但它在亚洲幸存下来。它在这里经历了进一步的演化，沿整个欧亚大陆扩散，几乎一直延续至上新世末期（2.6百万年前）并产生了一些新种。

犬属中一些小型的种也于早上新世出现在亚洲。它们的大小与北美郊狼和非洲胡狼一样，但和今天的胡狼并不属于相近的类群。类似的种也出现在北美。截至上新世末期，一些大小如狼的犬属动物在中国出现，并沿亚洲大陆向西扩散。然而在北美，一直到豪食犬最后的成员（异齿豪食犬）灭绝之前，犬属都保持在郊狼大小。在更新世冰河时代，欧亚大陆的犬属继续演化并衍生出与现代种相似的后代，有些种类最终迁徙回北美。甚至犬属中最大的恐狼都是由迁移至北美的安氏狼演化而来的。最终，现代的灰狼于末次冰河时期（10万年前）抵达北美大陆中部，在这之前它在北美大陆的北极圈定居的时间比这还要长得多（至少自50万年前开始）。

对现生南美真犬类（食蟹狐亚族）演化关系的形态树（Tedford, Taylor and Wang, 1995）和分子树（Wayne, 1993; Wayne et al., 1997）的研究表明，这一群体属于一个单独的、关系很近的演化类群（也就是说，它们构成单系群），这个类群由几个支系组成。犬属中的大型种（恐狼）也出现在南美化石记录中，但它们代表了更新世时期（260万年至1万年前）的扩散事件，不属于我们指定的真犬族食蟹狐亚族这个单系群中的一部分。我们将现生食蟹狐属及其化石种视为这个亚族的典型成员。南美的化石记录表明一个大型、高度肉食性的支系也属于这个亚族，包括灭绝不久的福岛狐和灭绝的原狐属、猎兽犬，这些类群发现于更新世的南美安第斯山和亚马孙平原地区。食蟹狐亚族的早期记录令人惊奇地出现于晚上新世（2百万年前）的佛罗里达州，一种类似于猎兽犬的大型犬类的化石也在这一地区发现。鬃狼也出现在上新世的北美（墨西哥北部及毗邻的美国亚利桑那州）。在分子研究中，现生鬃狼经常被描述为与亚马孙地区的现生薮犬有最近的亲缘关系。食蟹狐属的一个灭绝种也出现在下加利福尼亚半岛和亚利桑那州的上新世地层中。所有这些北美类群在巴拿马地峡形成之前便已经出现，表明在食蟹狐亚族的南美类群出现之前，大部分基干上的分异已经在北美或中美地区发生。

真犬族后期的演化历史通常能够与现代种联系起来探讨。在真犬族的演化历史中，这一族在冰河时代结束之前（15 000 年前）便得以进入相邻的大陆；因此它们占据了整个美洲大陆以及欧亚大陆和非洲，多样性迅速增长。这些新出现的种类的后代多次返回其起源的大陆。这些重返北美的迁徙事件使北美犬科的现代组成变得更加奇妙而迷离。北美的本土类群只有郊狼、郊狼已灭绝的近亲（爱氏狼）以及一些小型的狐狸（敏狐、古狐和灰狐）。伴随着这些入侵事件，北美就有了赤狐、北极狐和灰狼，这些都是从欧亚大陆迁移而来的。另一些大型、高度肉食性的门类也不时从欧亚大陆进入北美洲，如安氏狼、灭绝的异豺属的一些种以及现生亚洲豺（豺属）的一些种，它们出现在北美的中纬度地区，更新世冰盖以南。

纤细犬

纤细犬属（*Leptocyon*，由希腊文 *leptos*［意为纤细的］和 *cyon*［意为犬］组成）包括 11 个种，全都是体重不足 2 千克的小动物。它们是最原始的真犬类。它们和豪食犬有一些相同的特征，表明真犬类与豪食犬类是姐妹群，而且二者都出现在相同时代，即早渐新世（34 百万年前）的地质记录中。两个亚科的特征都是下裂齿（下第一臼齿）具有盆状下跟座，但纤细犬具有更长和更低的下颌，并具有齿隙分离开的、结构更简单的前臼齿（图 3.24）。相比之下早期豪食犬如古犬的前臼齿更大一些，且无齿隙。纤细犬的头骨和牙齿使它们能捕捉行动快速的小型猎物，

图 3.24　狡猾纤细犬（*Leptocyon vafer*）

狡猾纤细犬（9 百万年前）头骨及头部复原图。头骨全长 11cm。

而豪食犬能够更有力地撕咬。纤细犬属的化石没有显示太多骨骼方面的进步特征，但是表明已经出现了一些相对原始的、更进步的狐狸型类群，甚至还有很小的形似敏狐的种类，这些是已知最小的犬类（精致纤细犬）。纤细犬于约9百万年前走向生存的终点，其中一个支系开始出现类似现生狐属中一些种的特点（图3.25）。

图 3.25 狡猾纤细犬

狡猾纤细犬复原图。复原肩高 25cm。

狐

狐狸的种类繁多，大部分属于狐属（*Vulpes*，狐狸的拉丁文），也有一些因形态独特而自成一属（如长着大耳朵的耳廓狐和北极狐，见图3.26）。它们于晚中新世（约9百万年前）首次出现于北美。两个种于早上新世（4百万年前）将分布范围扩大到了东亚，成为在欧亚大陆和非洲拥有极高多样性的犬类的最早成员。这些地区的犬类在更新世时期返回了北美。一些小型种在北美也有中等程度的多样性，但它们的化石却出奇地稀少。

图 3.26　耳廓狐（*Vulpes zerda*）

现生耳廓狐。肩高 22cm。

食蟹狐亚族

南美犬类动物群彼此亲缘关系紧密，这个类群就是食蟹狐亚族。它现今只栖息在南美大陆上，是犬类中多样性程度最高的亚族（图 3.27）。这个类群的化石记录刚刚发现不久。这主要是由于它的记录大部分位于北至墨西哥湾沿岸及美国西南部，南至墨西哥北部纬度靠南的地区。目前可观察到的化石记录表明，在巴拿马地峡连通（约 3 百万年前）之前，这一类群中的各个属之间就已经产生了很大的分异。在这一事件之前，食蟹狐类分布在北美的属包括食蟹狐属（Cerdocyon，由希腊文 cerdos［意为狡猾的］和 cyon［意为犬］组成）、有长腿的鬃狼属（Chrysocyon，由希腊文 chrysos［意为金色的］和 cyon［意为犬］组成，见图 3.28）以及一种狼一般大小的高度肉食性动物，叫作猎兽犬（Theriodictis，由希腊文 therion［意为野兽］和 dictis［意为捕食者］组成）。这些类群在南美犬类分支系统树的不同分支上产生，表明还有其他与它们亲缘很近的类群存在，只是其化石还没有被发现。在连接南美大陆的陆桥建立起来之后，化石记录包括大部分已知的现生种。另外还发现了一些已灭绝的高度肉食性类群的化石。

图 3.27　薮犬（Speothos venaticus）
现生薮犬。肩高 25cm。

图 3.28　鬃狼（*Chrysocyon brachyurus*）

现生鬃狼。肩高 87cm。

始犬

　　在晚中新世最早期（10 百万年前）的美国西部，一种约有胡狼大小（重 15 千克）的犬类出现。它叫始犬属（*Eucyon*，由希腊文 *eu*［意为原始的］和 *cyon*［意为犬］组成），其过渡性分支系统位置一方面承接于南美真犬类，另一方面产生出犬属

犬科的多样性及其成员

的许多种。这个类群的一个特征是额窦逐渐增大。额窦位于头骨背侧部分的鼻区与大脑之间。始犬具有和大部分南美犬类相似的额窦，但没有犬属中见到的那么膨大。这一特征似乎是对进食以及成年头骨增大的适应。

　　始犬在地质时期内存在时间很长的一种是戴氏始犬（图3.29）。它于晚中新世（7百万年前）出现在北美，在早上新世（大约6百万－5百万年前）和很多北美哺乳动物一起入侵东亚，演化出了周氏始犬（图3.30）。在欧亚大陆，始犬经历了一次中等程度的适应辐射，产生了一些亚洲种，沿着大陆扩散。在北美，始犬在晚中新世末期（6百万年前）演化出了犬属的各个种。

图 3.29　戴氏始犬（*Eucyon davisi*）

戴氏始犬（5百万年前）复原图。复原肩高38cm。

Dogs: Their Fossil Relatives and Evolutionary History　　　　犬类和它们的化石近亲

图 3.30　周氏始犬（*Eucyon zhoui*），以著名古脊椎动物学家周明镇先生命名。

周氏始犬（4 百万年前）头骨及头部复原图。头骨全长 17cm。

犬

可以归入犬属（*Canis*，狗的拉丁名）的各个种于晚中新世（6百万年前）首次出现在北美。它们比其祖先戴氏始犬略大，外形相似，最早的犬属化石发现于美国西南部及与之毗邻的墨西哥地区出露的沉积地层中。截至上新世初期（5百万年前），一种稍大型的门类食兔犬在这一地区出现；截至早更新世（1百万年前），现生郊狼出现（图3.31）。这些类群在一定时期内相继出现，外形变化相对小，但骨骼结构（特别是对进食和运动的适应）持续改进，这种现象被视为直线演化（一个支系直线式地渐进演化，不分化出其他支系）。与之相对，支系分化则常使一个类群达到更高的多样性。一种更大型，但仍与郊狼相似的种爱氏狼的化石，已经与食兔犬一同发现于美国西南部的上新世晚期的地层中。它们的形成也许是一种分支事件。这个分支事件差不多就发生在爱氏狼出现的时间。

在这段时期内，本属中第一类迁徙来的大型种安氏狼出现在北美的化石记录中。这种动物与狼相似，比当时任何一个北美本土种都要大。在华北地区的化石记录中已经发现了具有相似特征的大型种，很可能就是它们引发了安氏狼向北美的迁徙。安氏狼在北美一直存活到更新世晚期，但在其存活时代的中期（约0.5百万年前），它在北美大陆中部演化出了该属中已知最大型的种：恐狼（图3.32和图3.33）。

图 3.31 郊狼（*Canis latrans*）

现生郊狼。肩高 50cm。

图 3.32 恐狼（*Canis dirus*）

恐狼（2 万年前）的复原图。复原肩高 77cm。

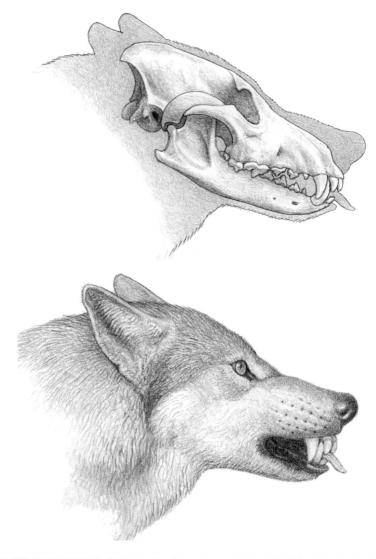

图 3.33　恐狼

恐狼的头骨与头部复原图。头骨全长 30cm。

恐狼是典型的大型犬属动物，有着高度肉食性的牙齿。在大部分犬类都增强牙齿咀嚼功能的情况下，恐狼以剪切形式咬合的上下牙齿尤为引人注目。就在恐狼出现前不久，来自旧大陆的异豺属入侵北美大陆，这是一种大型动物，肉食性程度更高。异豺对于现生豺（图3.34）和非洲野犬（图3.35）的兴起起到了重要作用。在北美，异豺一直很稀少，尽管它与本土的恐狼大小一样。这些进入北美的异豺属成员只在北美大陆存在了较短的时间，由此推测它们在竞争中很可能无法与恐狼抗衡。

图3.34　北豺（*Cuon alpinus*）

现生亚洲豺。肩高50cm。

图 3.35　非洲野犬

现生非洲野犬。肩高 75cm。

　　恐狼扩散到南美，并且在北美覆盖大陆北部的更新世冰川以南的地区广泛扩散。它可能在北美的早期演化中变成专门捕食美洲驼的动物，并跟随这些驼类进入了南美。在过去，美洲驼的数量比现在多，（和现在一样）它们生活于南美最南端气候更适宜的低地草原和高山草甸环境。这是恐狼化石发现最多的地区。在南美大陆的其他地区，大型猫类和更加像狼的食蟹狐类可能会与它们竞争。

　　在最末次冰期（过去 3 万年）结束之后，全球范围内发生了以冰川消退和高纬度地区变暖为标志的大规模气候变化。变化范围之广泛足以消融横跨加拿大北

 　　　　犬类和它们的化石近亲

部的冰盖屏障，使在北极高纬度地区生活的哺乳动物得以向南扩展。这一事件改变了北美中纬度地区哺乳动物群的构成，之后又有欧亚大陆的其他物种侵入。这些物种有麋鹿、驯鹿、山羊、盘羊、野牛以及跟随它们而来的主要捕食者灰狼（图3.36）。这些动物中，包括灰狼在内的大部分动物在之前的几百万年里都生活在北美的极地地区。它们都在极地地区经历了主要的演化与适应阶段，当时极地地区包括欧亚大陆，向东穿过白令陆桥，再横跨加拿大最北部进入加拿大极地岛屿地区，可能还进入了格陵兰，整个范围近乎环北半球一周。这个极地动物群偏好寒冷环境，在上一个冰期旋回中很少向南迁移。但末次冰期最终带来了比较合适的环境，为外来物种向北美中部的入侵提供了便利。

图 3.36　灰狼

现生灰狼。肩高 75cm。

这次入侵事件对犬科演化历史的影响是明显的。北方的迁入物种包括赤狐、灰狼以及豹属中一个大型成员北豹化石亚种。这个奇特的种只发现于墨西哥湾山地地区的一个洞穴中。豹的分布范围仍然包括亚洲极地地区南缘的山地，暗示着能使它们进一步扩散到新大陆的环境（见图 3.34）。

加利福尼亚州洛杉矶的沥青湖（原文为西班牙语 La Brea，意思是沥青）的含沥青砂岩层中的化石记录表明，恐狼和灰狼在大约 1 万年前共存；在那之后恐狼灭绝。据我们所知，因为灰狼没有进入南美，所以它不可能是生活在那里的恐狼灭绝的直接原因。恐狼在南美的灭绝与它在北美的灭绝几乎同时，因此有些古生物学家猜想恐狼最终灭亡或许与人类到达北美并迅速扩展到南美有关。这种学说叫作过度捕猎假说（overkill hypothesis）。灰狼侵入北美并没有对郊狼的分布区域有很大影响；由于这两个种在大小和社会行为上的不同导致在猎物选择上不同，它们的捕猎范围并没有重叠。遗传研究（Wayne and Jenks, 1991）表明郊狼和灰狼可能在特定情况下杂交并产生可育后代。这样的杂交可能在欧亚犬类占领北美之后频繁发生，这对东部的狼种群是一种破坏，导致它们灭绝或是血统合并入更加成功的郊狼。据罗伯特·K. 韦恩和 S. M. 詹克斯的观点，北美东部的红狼可能由郊狼和灰狼在分布范围交界处杂交产生（图 3.37）。在灰狼的基因选择持续了近三个世纪之后，上述交界线已经向西移至大陆中部。在他们的假设中，红狼是两个种在外力作用下融合的产物，而这两个种所属的支系在过去四百多万年的大部分时间里，在地理分布上都是分离的。最近一次对加拿大东部灰狼种群基因的重新修订（Wilson et al., 2000）表明，这些动物（东部森林狼）代表另一种基因型，与灰狼的亲缘关系并不近，而是与红狼和郊狼有较近的亲缘关系。这些动物构成了与真正的灰狼分离开来的一个北美支系，在更新世末（一万年前）入侵北美大陆中部。

图 3.37　红狼

现生红狼。肩高 65cm。

家犬是否是一个独立的种？

直到今天，大多数人或是将家犬单独视为一个种，或是将其视为灰狼的一个亚种。1758 年，瑞典植物学家、分类学家、现代生物分类学之父卡尔·林奈在他那部举世闻名的专著《自然系统》中正式提出了家犬这一种名，将灰狼列为单独的一属，即 *Lupus*，现已并入犬属。一般来说林奈生物分类系统不具有演化意义。事实上林奈将狗和狼放入不同的属（分别为犬属和狼属），可能没有看到它们之间形态上的相似，也没有考虑它们之间的关联。

种的定义是一个难题，因涉及复杂的哲学和实用性问题而困扰着生物学家。关注这个问题的理论家可以提出多达 20 个不同的方法来定义种。这里我们不试图去详细解释所有方法，但我们还是单独列出两个普遍使用的定义，这有助于理解我们在决定犬科分类地位时所面临的困难。

最通常的定义之一是由分类学家与演化理论家欧内斯特·迈尔提出的生物种概念，即"种内进行交配并与其他群体存在生殖隔离的自然种群"（1969：26）。在很多课本的解释中，这个概念的基本假设是物种间的界限是由生殖隔离建立的。在家犬的例子中，这个问题就变成了狗是否可以与狼杂交。或者进一步说，能否和犬属的其他种杂交，如能的话，它们的后代是否可育。在这样的种的定义里，事情变得复杂了。因为所有的狗都可以互相杂交，而且有机会偶尔也可和狼杂交。因此，严格地以生殖隔离作为准绳经常会得出一个结论，即狗最多只能是一个亚种。认同这种生物种概念的生物学家倾向于将家犬称为狼的一个家养亚种，W. 克里斯托弗·沃曾克拉夫特（W. Christopher Wozencraft, 1993）那本广泛使用的名录《世界哺乳动物物种》就采用了这种说法。

亚种等同于品种或是变种，在哺乳动物分类中通常相当于不同的地理居群。例如，灰狼西方亚种指的是生活在加拿大西部和美国西北部的狼，而灰狼指名亚种是一个分布于欧亚大陆中纬度大部分地区的亚种。在不同学者的分类体系中，地理亚种的数量变化很大。E. 雷蒙德·霍尔（E. Raymond Hall, 1981）将北美地区的犬属分出 24 个亚种，而罗纳德·M. 诺瓦克（Ronald M. Nowak, 1979）在同一地区只分出 5 个亚种。尽管家犬的分布范围与灰狼有大片的重叠，但还是有人提出狗生活在人类的家中，而狼生活在野外，因此狗和狼存在"地理"隔离——这与自然物种被小生境隔离的情况多少有些相似。反对用亚种分类的批评者们坚持强调，生殖隔离并不一定需要实体的隔离，行为隔离（种群之间交配行为的阻隔）对区分不同的物种也足够了。讨论上述对物种的不同看法，有助于我们用另一种不同的方式来看这个问题。

对物种的另一个定义大致上可以称为演化种概念。这个概念承认一个事实，即不同种群开始分异时，无论它们有没有交配繁殖的可能性，它们都走上了不同的演化道路。只要两个种群在不同的演化路径上，并产生出了各自的后代支系，从定义上来说，成种作用就发生了。这样一个物种概念的优点是杜绝了那些主观性强，有时甚至带有猜测性的方法，如基因或形态差异（种群要达到多大的差异度，我们才能称其为不同的种）以及生殖隔离（很难甚至经常不可能证实，尤其在自然条件下）。在狗的例子中，人们可以认为它们一旦和人建立了联系，在演化上就走上了自己的道路，和狼出现了分异，因此应当称为一个独立的种。

雷蒙德·科平杰和洛娜·科平杰（Raymond Coppinger and Lorna Coppinger, 2001）认为灰狼、郊狼、胡狼和狗之间，生态隔离是关键。狗和人类有无法避免的共生关系，这个独特的联系是其他犬类所没有的。诚然，狗偶尔可以与灰狼、郊狼和胡狼杂交，但它们的后代在形态上经常介于双亲之间，不能与"纯粹的"物种相提并论；另一方面，杂交后代并不能独立生存。在这个意义上，即便没有严格的生物学上的阻隔，至少也在实质上形成了隔离。（在这样的背景下，我们需要谨记**畜养**和**驯养**的区别。如果一只动物产下的后代可以直接进行家养，这只动物就是畜养动物，所以畜养是自给自足的。相比之下，人类捕捉野生动物以供驱使的情况为驯养；在这种情况下，需要捕捉新的动物并对其驯服后养在家中，才得以补充失去的动物。）因此科平杰反复强调狗是一个独立的种，但他们也指出狗代表一种"特殊演化事件"的产物，这可能无形中也使用了演化种的定义。

如果生物种与演化种方面的争论还不够混乱，在狗的学名命名方面还有更加复杂的情况。生物分类是专为反映自然界一些基本原则而设计的一套系统，林奈的《自然系统》一书的书名就体现了这一点。然而，大部分狗的品种是经过人类多次选择（选育）过的。这种高度的人工选择在"自然的"世界中不会发生，我们所制造的东西也不能成为自然产物。对于人工产品，我们还能使用生物分类法吗？然而也有人声称（见第 8 章），如果狗是自己主动成为家养动物（至少最初是这样的），那么狗和人类的关系确实是自然共生的结果。在后一种情况下，单独的种名可能是成立的。

在对上述观点做出评价的时候，人们应该谨记生物学分类经常包含主观判断的成分。大部分分类学家认同，分类法应该是演化关系的近似反映。但我们的大部分演化观念落入了历史假说的领域之中。如果犬的分类反映了不同的犬类起源观点，那么争论持续下去也是无可厚非的。作为古脊椎动物学家，我们倾向于对家犬使用亚种定名，即灰狼家养亚种，这反映了灰狼与狗的关系。至于其他家畜，如果已知有野生的祖先，家养物种通常不被授予种级地位；比如，在猪的例子中，家猪被定名为野猪家养亚种。

4

解剖与功能：躯体各部分的作用

大部分犬科化石记录都以骨骼和牙齿的形式保存，因此大量的软体解剖信息都在石化过程中丢失。石化是一个骨骼和牙齿变得与包埋其自身的围岩成分同化的过程，在这个过程中，大部分软组织，如肌肉、皮肤和脏器都被破坏了。然而幸运的是，骨骼和牙齿化石保存了大量的解剖学和生物化学信息，如果年代不十分久远的话甚至基因也可以保存（目前的技术可以提取接近 1 百万年前的古 DNA）。这些信息有极其重要的价值，可用于判断动物的解剖结构和生理状况，在一定程度上还可用于判断动物行为（图 4.1）。例如，四肢骨骼作为所有哺乳动物骨骼的重要组成部分，可以告诉我们相当多关于四肢构造的信息，这对于推测动物的体重以及行动模式（行走、奔跑、攀爬、匍匐的方式）是很重要的。大部分骨骼上的冠状、嵴状突起以及其他外表面特征还保留着肌肉附着的痕迹，这些是为成为化石的动物进行肌肉复原的基础。从化石证据这样一个可靠的信息开始，古生物艺术家们得以在骨骼框架上逐层添加软组织，重塑动物生前的容貌。本书中所有已灭绝的哺乳动物的复原图都是基于骨骼形态，以此作为重建未保存特征的起点，用细致的方法创作出来的（图

4.2）。头骨还保存了关于神经器官（大脑和神经系统）和感觉器官（用于听、闻和看）的线索。作为食物消化系统的重要部分，头骨和下颌也在食物的获取与处理方式这方面提供了大量信息（图 4.3）。

然而，在研究已灭绝的食肉类的进食行为时，牙齿是最重要的，通常也是唯一的信息来源。要了解犬科的演化历程，研究人员必须从学习牙齿和骨骼的解剖学术语开始——化石中保存的绝大部分材料就是牙齿和骨骼。

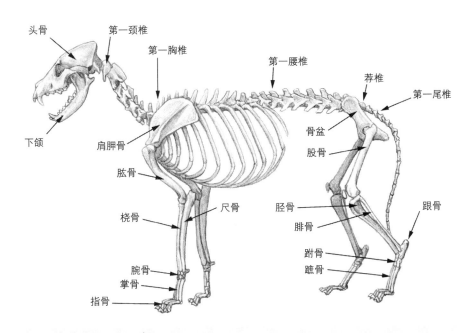

图 4.1　灰狼（*Canis lupus*）

欧洲灰狼的骨架，重要解剖特征在图中进行标示。

图 4.2 恐狼

根据美国洛杉矶著名的兰乔-拉布雷阿沥青坑中的晚更新世（2万年前左右）化石逐步复原恐狼。

恐狼化石是沥青坑中最丰富的化石，目前发掘出上千个头骨以及成百具骨骼。上：骨架；左上：

深层肌肉；左下：浅层肌肉；下：生前样貌。深层肌肉很大程度上根据对骨骼相应附着区域的

观察结果进行推测。更外层的软组织需要更大程度的推测，对其现代近亲的参考非常重要。

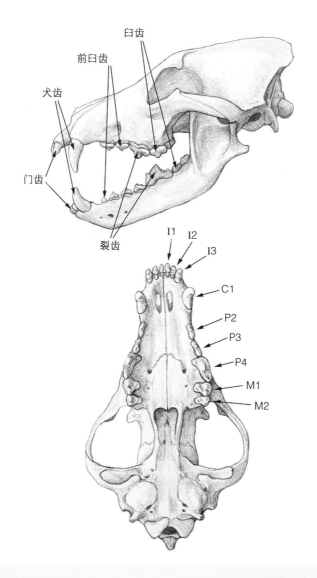

臼齿

前臼齿

犬齿

门齿

裂齿

I1
I2
I3
C1
P2
P3
P4
M1
M2

图 4.3　狼

上：狼头骨和下颌的侧面视图；下：头骨腹面视图，图中标明了牙齿的位置。

解剖与功能：躯体各部分的作用

牙齿

齿式

所有食肉类中，犬科具有最保守（变化程度最低）的齿式，具有两列构成完整的牙齿，分为 3 枚上门齿和 3 枚下门齿，1 枚上犬齿和 1 枚下犬齿，4 枚上前臼齿和 4 枚下前臼齿，以及 2 到 3 枚上臼齿和 3 枚下臼齿。也有牙齿超出这个数量的例外，如蝠耳狐就额外多出 1 枚臼齿。哺乳动物中还有更极端的情况，如海豚的牙齿比其他哺乳动物都多得多，包括我们人类本身在内，很多哺乳动物在演化中牙齿的数量都有减少的情况。古生物学家常用一套齿式系统，以缩写的方式来表示牙齿数量，如 3143/3143：斜线左侧数字代表上齿列（3 枚门齿，1 枚犬齿，4 枚前臼齿，3 枚臼齿），右侧表示下齿列。这些数字只表示一侧齿槽内的牙齿数量，口腔中全部牙齿的数量要将这个数字乘以 2。除了熊科、已灭绝的犬熊科和犬科以外，所有其他食肉类现生科的牙齿数量都随着时间的推移而减少，猫科在这个方向达到了极致，齿式为 3121/3121。牙齿数量减少通常表明食性特化，向高度肉食性发展。另一个实用的缩写方式是用单个英文字母——门齿（incisor, I 或 i）、犬齿（canine, C 或 c）、前臼齿（premolar, P 或 p）和臼齿（molar, M 或 m）——和数字（从前往后数）的组合来指代 1 枚牙齿。如此一来犬科的全部牙齿可表示为：上牙 I1、I2、I3、C1、P1、P2、P3、P4、M1 和 M2，下牙 i1、i2、i3、c1、p1、p2、p3、p4、m1、m2 和 m3（见图 4.3）。

　　Dogs: Their Fossil Relatives and Evolutionary History　　　　犬类和它们的化石近亲

门齿

门齿是三枚整齐排列在一起的小牙齿，在吻部的前端有一个平整的切面，这些牙齿在动物张开嘴的时候可以清楚地在正前方看到。门齿植根于上腭最前端的前颌骨及下颌的齿骨（下颌最前端）。从近处观察，门齿通常具有一个主尖和排列在两旁的小尖（在幼年个体身上才能见到这些特征，因为这些特征会因为年长个体牙齿的磨蚀而消失）。豪食犬类的一个有鉴定意义的特征便是它们的上第三门齿的其中一侧具有 1 到 3 个小尖。

犬齿

犬齿如同獠牙一般，用于咬杀，而且食肉类做出恐吓姿态时通过显露犬齿达到最佳效果。所有犬类动物的上下腭都有发达的犬齿，这正符合犬科的名号，而犬齿几乎可见于所有的哺乳动物（人类也有，但尺寸已经变小，看起来有点像门齿）。上犬齿恰巧位于前颌骨和上颌骨的接缝位置，和位置稍微靠前一些的下犬齿形成剪切结构。在犬科中，不同性别之间犬齿的大小有些不同。在从狐狸大小的种类到狼大小的种类中，雄性的犬齿通常比雌性的犬齿大 3%–6%（Gittleman and Van Valkenburgh, 1997）。

前臼齿

前臼齿在犬齿和臼齿之间。犬科动物除上第四前臼齿（参见"裂齿"）之外，其他前臼齿都由一个高耸的主尖和分别位于主尖前后的一到两个附属小尖组成。和门齿及犬齿一样，前臼齿包含两组牙齿：乳前臼齿和恒前臼齿，但恒前臼齿有着完全不同的结构。犬科大部分类群的前臼齿结构都趋向于稳定，但其中有些类群演化出了适应于碎骨的特征，前臼齿（尤其是前臼齿的后端，包括上裂齿）会显著增大，从而变成可以咬碎骨头的牙齿。这样一种适应性特征在豪食犬的一些类群中最为明显，其次就是黄昏犬类的一些进步的种类。

臼齿

臼齿（英语 molar 来源于拉丁语 mola，有磨坊或磨盘的意思）是齿列中最靠后的牙齿。和前臼齿不同的是臼齿缺少乳齿阶段；换句话说，在恒臼齿萌出之前它们上面是没有乳齿的。犬科动物除了下第一臼齿（参见"裂齿"）之外，其他臼齿都是由齿冠表面上一连串紧密排列在一起的矮尖形成的低矮平台。这些小尖彼此咬合在一起，因此上下臼齿的功能就像一个磨盘。犬科动物这些磨盘一般的牙齿都很发达（但不像熊科那样极其发达），这使犬科的摄食灵活多变，可吃肉，也可混杂植物和昆虫。臼齿的相对大小能很好地体现动物的摄食多样性。

裂齿

这是一对特殊的牙齿，对于定义食肉目很重要。裂齿确切地说是上第四前臼齿和下第一臼齿，它们在切断猎物的肌肉、韧带及皮肤时发挥主要作用。所有食肉动物的裂齿都特化了，形成一对可以剪切的刀刃，用起来像一把剪刀。这对剪刀一般的裂齿是食肉类祖先最明显的适应特征，向下传给了所有的后代类群。因此，食肉目是通过其成员全都具有一对裂齿来界定的。犬科的裂齿通常很发达，足以应对切割肉的需要。

高度肉食性和低度肉食性

牙齿适应性特征的概念是非常重要的。1956 年，西班牙古脊椎动物学家米盖尔·克鲁萨方特-派罗（Miguel Crusafont-Pairó）和杰米·特鲁约尔斯-桑托尼亚（Jaime Truyols-Santonja）发表了一项对食肉类功能形态学的深入研究，在该研究中他们依据牙齿形态将食肉类分为高度肉食性和低度肉食性两种类型。

高度肉食性的动物裂齿的切割刃加长，取代了齿列中用于咀嚼的部分（通常为臼齿）。高度肉食性类型中最极端的例子是猫类，其齿列中基本上只含有用于切割的部分——一对长而锋利的裂齿——裂齿后面齿列的咀嚼部分（臼齿）大幅度减小（图4.4）。这样一种高度肉食性的牙齿特征一定与几乎只包含肉类的饮食结构有关。

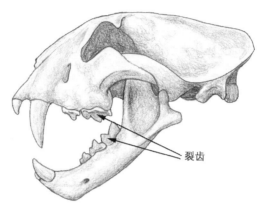

裂齿

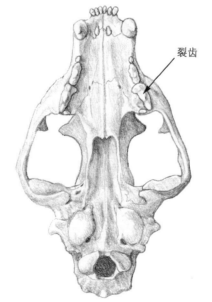

裂齿

图 4.4 豹（*Panthera pardus*）

典型的高度肉食性动物豹（属于猫科）的头骨。裂齿之前和之后的牙齿退化或消失，裂齿本身
呈狭长的刀刃状。

相比之下，低度肉食性的动物裂齿切割刃缩短，裂齿后面齿列用于咀嚼的部分增大。低度肉食性类型中最极端的例子是熊类，其裂齿的切割部分急剧缩小，臼齿的咀嚼部分极度加宽、加长（图4.5）。低度肉食性类型动物摄取的食物范围广得多，包括肉、昆虫、水果、坚果和植物的根。低度肉食性动物中最极端的例子是大熊猫，它是熊类，归入真正的食肉目，然而它却纯粹以吃竹子为生。

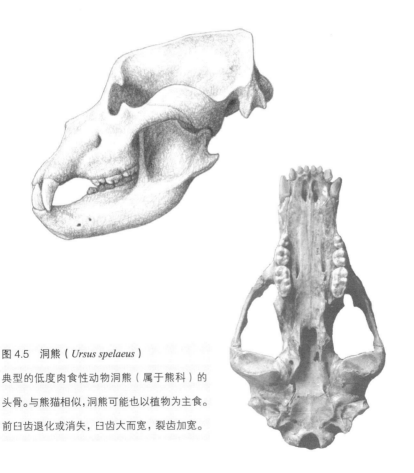

图 4.5　洞熊（*Ursus spelaeus*）

典型的低度肉食性动物洞熊（属于熊科）的头骨。与熊猫相似，洞熊可能也以植物为主食。前臼齿退化或消失，臼齿大而宽，裂齿加宽。

大部分食肉类，包括大部分犬科动物，都介于上面两个极端的例子之间，它们的牙齿并不属于极端的高度肉食性或低度肉食性。我们称这些中间类型为中等肉食性动物（mesocarnivory, meso 来自拉丁文，意为中间的）。在本书中，当我们谈论高度肉食性犬类的时候，我们指的是那些牙齿具有相对加长的切割刃，同时

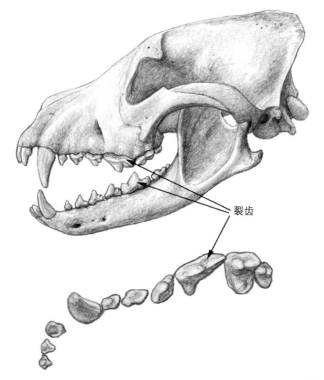

裂齿

图 4.6　非洲野犬

上图：偏向高度肉食性的犬类现代非洲野犬的头骨和下颌；下图：右上齿列的咀嚼面细节图，注意刀刃状的长裂齿。

带有相对缩小的咀嚼部分的犬类，尽管这些犬类在牙齿的特化程度上与猫类完全不能相提并论（图4.6）。同样，我们将发展趋势相反的犬类称作低度肉食性犬类（图4.7）。但此处要再次强调，犬类的低度肉食性程度绝非熊类那么极端。

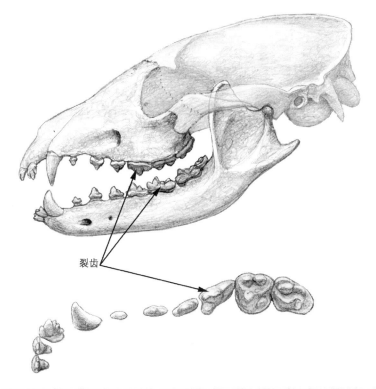

裂齿

图 4.7　熊犬（*Cynarctus*）

上图：低度肉食性犬类熊犬的头骨和下颌；下图：右上齿列的咀嚼面细节图，注意相对小的裂齿和大而宽的臼齿，以及上第三门齿边缘的特殊齿尖。

饮食的标志：头骨、下颌和牙齿

古脊椎动物学中一个重要的现象是哺乳动物的牙齿形态与其食性有着高度敏感的对应关系。牙齿形态与食物种类的这种紧密联系让古生物学家得以更好地了解已灭绝动物的饮食。犬科动物的牙齿起始于相对中等肉食性的牙齿构造，因此在演化历程中能灵活地向高度肉食性或低度肉食性的方向变化，这可能也是为什么它们这个类群能适应快速变化的环境。由于它们的牙齿相对保守，并不特化，犬类各亚科的祖先（如黄昏犬、古犬和纤细犬，见第3章）可以向低度肉食性或高度肉食性两个方向随意演化，抓住机会一次又一次地发展壮大。

脊椎动物的头骨在保护大脑上起到最重要的作用。然而，如果保护大脑是头骨的唯一功能，那么头骨就没有必要具有多种形态了，因为对任何需要保护大脑免受通常的自身物理损伤（与之相对的是捕食者攻击带来的伤害，那就是另一回事了）的脊椎动物来说，一个圆形的硬质脑壳已经足够了。不同类群的脊椎动物的头骨有着根本上的不同，这一事实表明还有其他因素的作用。这些因素经常与食物的处理有关。

作为食物物理加工与消化的最初场所，头骨和下颌可能是在食物的吸收中起到最关键作用的部位。对食肉动物来说，头骨和下颌也在捕杀猎物上起到至关重要的作用，正是这一作用经常确立头骨的整体形态。变化最大，同时也意味着在演化中受自然选择作用最大的特征之一，是嘴或者吻部的长度。猫类和犬类在这一特征上的不同一目了然。通常猫类的吻部比犬类的短得多，这一演化上的分异可以追溯到这两个科形成的初期。

吻部长度

很久以前，猫形食肉动物从它们的古灵猫祖先（或者细齿兽）开始，便演化出不断缩短的吻部。这种缩短与前端前臼齿（通常为第一和第二前臼齿）和后端臼齿（通常为第二和第三臼齿）的退化消失相关。这种吻部缩短的最终作用是使门齿、犬齿和前臼齿的位置后退。这些牙齿向后移动之后，同样的肌肉就可以实施更加强有力的撕咬。这样的情况不难理解。比如，当我们人类用力去咬碎一颗坚果时，我们倾向于将坚果放到口腔里靠后的臼齿上，在那里我们的颞肌和咬肌（闭合口腔的主要肌肉）可以发挥最大的力量。

这种现象背后的生物力学原理是一个简单的杠杆系统。哺乳动物下颌的后端是和头骨连接在一起的，而这个连接点，即下颌髁状突（图 4.8）在下颌活动时起到支点的作用（俗话说"下巴掉了"就是这个支点脱节）。颞肌和咬肌是关闭上下颌的主要肌肉，这些肌肉从颧弓内穿插进来并围绕着下颌上升支（最后一颗臼齿后面耸起的垂直结构）上一个名叫咬肌窝的凹陷区域。咬肌窝总是位于连接部支点的前面，而颞肌和咬肌在咬肌窝上通过收缩产生作用，拉动下颌向上和向前运动。在这样一个杠杆系统里，一块食物与下颌髁状突靠得越近（即这块食物的位置越靠后），作用于这块食物的咬合力就越强。由于食肉动物的咬杀几乎总是由位于上下颌前端的犬齿来完成，上下颌的缩短可使犬齿更加靠近下颌髁状突，从而增强咬合的力量。

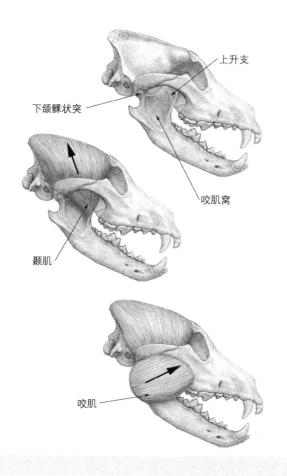

上升支

下颌髁状突

咬肌窝

颞肌

咬肌

图 4.8　灰狼

灰狼的头骨、下颌和主要的颌部内收肌。上图:头骨和下颌,显示下颌上升支、咬肌窝和髁状突的位置,髁状突是一个支点结构,下颌关节围绕其转动;中图:颞肌附着在下颌上升支顶部和前缘,其主要牵拉方向(见大箭头所示)为向上和向后;下图:咬肌嵌入,占据大部分咬肌窝,主要牵拉方向(见大箭头所示)为向上和向前。如果牙齿的位置距离转动支点更近,由这些肌肉牵拉而传递到牙齿上的力量就会更大。因此,食肉动物的吻部越短,在撕咬时犬齿尖端所施展出的力量就越大。

我们注意到，犬形食肉动物的头骨形态从最开始以来一直保持着保守的特征。犬科继承了这一保守的演化方式，一开始便具有完整的齿列。为了容纳这个完整的齿列，它们的吻部相对较长，门齿和犬齿位置更加前移。犬科的演化方向足够灵活多变，从吻部相对较长的原始状态，它们可以向吻部缩短的方向演化，也可以向吻部进一步伸长的方向演化。高度肉食性类型通常具有较短的吻部，与猫科动物发生平行演化。较短的吻部在黄昏犬类和豪食犬类的多个类群中都可以看到，即便这两个门类从未像猫科一样具有极度缩短的上下颌（图4.9）。然而，吻部的伸长在真犬亚科整个类群刚开始的阶段（纤细犬）就很明显，这个特征遗传给了它的所有后代。长的吻部可以增加鼻腔（见"鼻甲"）的空间，并且很可能会增强嗅觉。因此狗比猫更加依赖嗅觉，而猫更依赖视觉。吻部伸长也可见于以蚂蚁或白蚁为食的哺乳动物，因为它们要用伸长的吻部和舌头伸进狭窄的空间里。我们可以推测真犬亚科早期祖先的饮食习性，它们在进食时可能更多地以昆虫为食，但至今还没有多少证据来证实这个推测。

颌部的力量

上下颌的长度（或横切面的面积）是决定其机械性能的另一个重要因素。较短的下颌通常最适合施加有力的撕咬。尽管犬类的下颌可能永远不会像猫类那样有力，但从犬类历史延续了非常长的时期（比猫科的历史几乎长了一倍）来判断，它们不那么强有力的下颌肯定也足够充当杀戮的利器。然而，对于那些演化出碎骨型牙齿的类群来说,下颌就必须增强力量来应对额外的受力。因此这些类群——如海獭犬、猫齿犬和豪食犬——下颌变得更加壮硕,拥有加厚的水平支(见图4.9)。

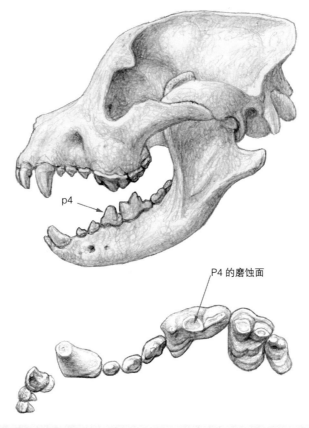

p4

P4 的磨蚀面

图 4.9 豪食犬属(*Borophagus*)

一种食骨型犬类豪食犬属的头骨和牙齿。注意其缩短的吻部、隆起的前额、强壮的下颌和粗大的牙齿,尤其是下第四臼齿(p4)。上裂齿(P4)显示出咬碎骨头造成的水平磨蚀。

隆起的头部和额窦

高度肉食性的类群，如猫类，通常拥有短的颌部以及高度隆起（弧状）的头骨顶部，结果形成了膨胀的额部。从侧面看，这种弧状结构可以看成头骨上位于眼睛上方的一个向上的隆起。这样的头部构造或许能增强骨骼强度，使犬齿更加牢固，由此带来一些好处。这在所有的猫类身上都可以看到，范围再缩小一点，在鬣狗（以蚂蚁为食的土狼 [*Proteles cristatus*] 除外）身上也能见到。

高度肉食性的大型猫科动物还趋向于拥有增大的额部。这个形状是随着额窦（frontal sinus，或者称为额骨）下面空腔的膨胀产生的。通过额窦膨大，尤其是额骨整体向上隆起，头部在侧面视图中常常显示出明显的圆隆。在极端情况下，额窦可以向后延伸至头骨的最后端(枕骨隆起)，这在异齿豪食犬身上就可以看到。结果，一个大的空腔在脑颅与其上方的顶骨之间出现。瑞典古脊椎动物学家拉尔斯·沃德林（Lars Werdelin, 1989）猜测，碎骨型犬类和鬣狗这种隆起的头骨有助于将第四前臼齿在咬碎骨头时受到的巨大压力转移至头骨后部，由此疏散上颌所受的应力（见图 4.9）。

耳骨

耳区的骨骼是哺乳动物内骨骼系统中最复杂的。典型的现代食肉类头骨中具有一个圆形的骨质硬壳，称为鼓泡，与支撑着其中三块听小骨（锤骨、砧骨、镫骨）的鼓膜连接在一起。只有双斑狸没有这种全部骨化的中耳封闭结构。双斑狸是一种基干的猫形类，比现生的猫形食肉类，如猫科和鬣狗科都要原始得多。它的鼓泡的一部分仍然为软骨构成。对所有食肉类来说，软骨鼓泡显然是一种原始的状态。所有早期食肉类，如细齿兽缺少骨质鼓泡，而食肉类在当时的其他化石代表也都具有无骨骼覆盖的裸露耳区（可能一些早期食肉类具有部分骨化的鼓泡，但由于容易和头骨分离或是在石化过程中遭到破坏，鼓泡没有在化石中保存下来）。

犬科是食肉类现生科中第一个演化出骨质鼓泡的。在很早的时候，原黄昏犬就长出了带有硬壳的鼓泡。而且所有犬科的鼓泡都被一种叫半中隔的脊状结构部分分隔开，这个结构似乎是增强鼓泡结构的支撑物，而不是要分割鼓泡内的空间。无论中隔的功能是什么，当化石材料中的耳区保存下来的时候，这样一种结构上的差别是区分猫类和犬类的便利途径（图4.10）。

中耳区域的坚硬骨质外壳不但能保护结构精密的听小骨，使其用来传递声音的复杂连接不受损坏，还能在下颌运动中保持其中固定量空气的稳定（图4.11）。一些下颌肌肉附着在鼓泡上，如果鼓泡是软骨构成的非刚性结构，当肌肉拉动的时候就会变形。这样的扰动可能很不利，因为这会干扰听力。在特定动物的听觉特征中，鼓泡外壳的大小及其空气容量达到了极致。在撒哈拉和阿拉伯地区沙漠中生活的耳廓狐拥有明显增大的鼓泡，同时拥有显著增大的外耳廓。鼓泡空气容量的增加似乎有助于增强听到低频声音的能力（就好像更大的扬声器对低频声音的共鸣更好）。在开阔的沙漠环境中，低频声听力增强对耳廓狐来说显然是重要的适应特征。

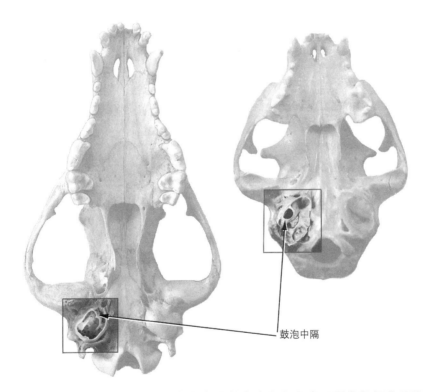

鼓泡中隔

图 4.10　犬类和猫类头骨的对比

犬类头骨（左）和猫类头骨（右）的腹面视图，着重标注了听区。鼓泡被切开，以示内部结构，其中有分割骨壁，即中隔。

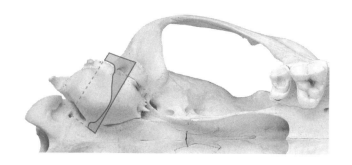

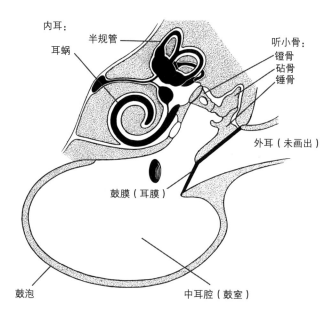

图 4.11 犬类耳部解剖

郊狼头骨腹面视图，展示右侧听泡（上图）；穿过听泡的矩形指明横切面（下图）的位置。切面（依据埃文斯和克里斯滕森的研究 [Evans and Christensen,1979：fig. 19.3] 修改）展示外耳、中耳、内耳关系和三块听小骨。

大耳犬（*Otarocyon*）是生活在早渐新世（34百万年前）北美西部的一种基干豪食犬类，也发展出相对其身体（第3章；见图3.13）而言引人注目的大鼓泡。这样特殊的结构引出一个值得注意的问题：为什么在犬科演化的开始阶段就发展出这么大的耳部？这是对早渐新世更加开阔的草原地貌的响应，还是恰恰相反，是对始新世（55百万－35百万年前）封闭的丛林环境的响应？另一方面，大耳犬是否可以通过听泥土中传来的低频声来捕捉藏在洞穴中的鼠类和无脊椎动物等猎物？

鼻甲

现代的狗以嗅觉灵敏而著称，人们对搜救犬以及缉毒犬闻出化学药品痕迹的能力感到惊叹。这些能力完全超越人类的探测能力。然而，不太为大众知晓的是犬类鼻腔的特点。犬类鼻腔具有一套复杂的骨骼结构，称为鼻甲，它与气味探知和呼吸有关（图4.12）。鼻甲骨是鼻部通道（包括上颌骨、鼻骨和筛骨）内壁向外扩展形成的脆薄如纸的卷曲骨组织。筛－鼻甲骨大部分由嗅觉上皮或者说薄层皮肤状组织覆盖，这种暴露于空气中的组织布满了嗅觉感知神经，将气味感觉传送至前脑的嗅球。发达的嗅觉实际上是所有哺乳动物的特征，因此犬类敏锐的嗅觉是从其哺乳类祖先继承而来的（人类相对迟钝的嗅觉可能是因为我们对视觉，如色彩和立体视觉的依赖增加）。

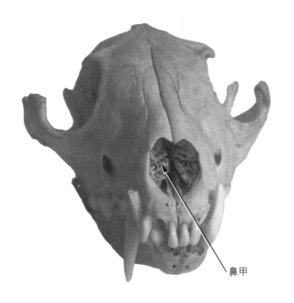

鼻甲

图 4.12　赤狐（*Vulpes vulpes*）

现生赤狐头骨的前侧视图，展示鼻腔内的鼻甲。

上颌－鼻甲骨和鼻－鼻甲骨上覆盖着呼吸道上皮，这是一种带有血管的黏膜，呼吸时空气就从这里通过。微薄的鼻甲在呼吸过程中给空气加温加湿，保持呼吸道的温度和水分。吸气时，吸入的相对干冷的空气在通过带有血管的温暖湿润的上颌－鼻甲骨时变得温暖和饱含水分。呼气时，过程是相反的：温暖而含水分的空气流回并经过刚刚冷却的上颌－鼻甲骨，有助于让水汇集在鼻甲骨的表面，由此为下一个呼吸循环保存水分。一些研究表明，在鼻腔的呼吸中多达 80% 的热量和水分留存在鼻甲骨。就犬类而言，作为水分和热量主要交换场所的上颌－鼻甲骨极大扩展。上颌－鼻甲骨复杂而精巧的卷曲结构在鼻腔有限的空间内制造出更大的表面面积，因此提高了热量和水分交换的效率。这样复杂的鼻甲骨可能是对干旱或寒冷环境，或干旱且寒冷环境的重要适应。尽管犬类鼻甲骨的大小并不一定严格反映它们所处环境的温度和干旱程度，然而推断复杂的鼻甲骨系统给北极犬类动物带来的优势或许有启发意义。北极的狼和狐在欧亚大陆北部和北美大片寒冷地带是所有食肉类中分布最广泛的。北极动物区在晚新生代（3百万年前，见第6章）是真犬亚科演化的重要地区，在这一地区，真犬亚科的鼻甲骨可能对于它们在恶劣环境中生存起到关键性的作用。

有些研究表明犬类鼻甲骨的复杂结构对它们来说还有第三个用途：冷却大脑中的血液。鼻甲骨表面的热量交换冷却由心脏供给大脑的血液，这个过程和在炎热天气中喘气相似。猫类具有一个热量对流交换机制，通过将动脉浸没在隐藏于眼球后方的一种叫奇网的静脉囊中对动脉血实行冷却。在高强度运动中保持大脑不过热，对所有生活在炎热气候的哺乳动物都是重要的。相对猫类的伏击捕猎，犬类擅长长途追袭，复杂的鼻甲骨可能在这种捕猎策略的形成中起到重要的作用。

因此犬类的鼻甲骨似乎对寒冷和炎热的气候都是很重要的，这可能解释了犬类不同种的鼻甲骨大小没有严格与环境温度相对应的原因。大而复杂的上颌—鼻甲骨系统可能适应于各种环境。这也解释了为什么猫类的鼻子短，而犬类的鼻子长。

碎骨能力

富裕国家的人大多倾向于将饭桌上啃过的骨头作为碍事的垃圾扔掉。但在很多国家，骨头中的骨髓却是高价值的营养来源。一根中空的长骨（即通常所说的四肢骨）中央填满了黄骨髓。它富含蛋白质和单一不饱和脂肪酸，与一般的脂肪有些相似（很多烹调文化中都使用骨头调味、煮汤，就是由于有这种内含的骨髓）。然而，骨头本身具有一种由磷酸钙构成的复杂网状结构，极其坚硬而难以破坏。因此，正如我们在饭桌上都体验过的，一块大骨头在嘴中感觉像是一块石头，在没有合适的工具时，骨头内的骨髓不是所有人（或食肉类）都能轻易享用的。

要得到富含营养的骨髓就必须咬碎长骨。长骨通常是全部骨骼中最坚硬的，因为它们要支撑动物的全部体重并承受奔跑、加速、急停时更大的负载。食肉类中除了一些海獭使用石头敲碎贝壳之外，大部分食肉类如果想要吃到骨头里面的东西，就必须用牙齿来咬碎骨头。

牙齿是哺乳动物生长出的最坚硬的生命物质，因为牙齿的主体齿冠被一种叫作釉质的白色光亮物质包裹。磷酸钙以晶体形式形成的釉质比骨头坚硬。然而，牙齿上仅有一层坚硬物质并不足以对付骨头。牙齿必须非常坚实才能避免在进食过程中咬碎。牙齿还必须处在正确的位置上来施加最大的压力，而且必须有合适的肌肉和下颌结构来应对压碎骨头的过程中产生的强大的应力。这种适应碎骨的最好例子是非洲大草原上的现生斑鬣狗。这种动物拥有强壮的下颌，配以直径 0.5

英寸（约 1.27 厘米）、状如短粗子弹的极其粗大的前臼齿（图 4.13）。由于鬣狗臼齿的数量减少，前臼齿的位置就相当靠后，在撕咬中可以起到最佳的杠杆效应。鬣狗进食可能在所有食肉类中是最高效的。一群饥饿的鬣狗可以在短短几分钟内快速吃掉一头大型猎物，什么都不剩下，包括骨头。咬碎的骨头全部吞咽到肚中并通过鬣狗的消化系统，最终以小碎片或胃酸溶解过的白色钙质粉末的形式排泄出去。

为了增加用来咬碎骨头的那颗牙齿的强度，釉质上的微细晶体结构排列成高度复杂的亨特－施雷格带（Hunter-Schreger Bands，HSB）系统。HSB 中的釉质由晶体纤维以十字交叉的形式交织而成，防止釉质在因受强力而外张时破碎——就像一块紧密编织的布料可以抵抗各个方向的拉力。在高倍显示镜下（如使用扫描电子显微镜），可看到碎骨牙齿上的釉质形成锯齿状排列，最大限度地增加了强度（图 4.14）。

大多数犬类在演化历史中只出现在北美大陆（第 7 章），这些地方几乎没有出现过鬣狗（只有豹鬣狗属成功地于约 5 百万年前的上新世迁入北美）。黄昏犬类和豪食犬类的一些类群开始发展出能够碎骨的牙齿和颌部。它们中的一些——如海獭犬、异犬和猫齿犬——上、下颌有硕大的前臼齿，就像鬣狗一样。其他类群，如近犬和豪食犬，发展出一枚巨大的第四前臼齿，远比之前的前臼齿更大更高。后面这种策略将施加的作用力集中到最粗壮的一颗牙上，显然是很成功的，造就了延续时间长、多样性程度高的近犬－豪食犬支系。

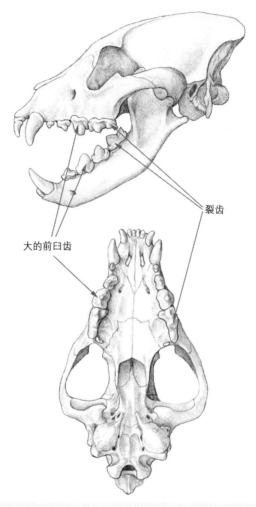

裂齿

大的前臼齿

图 4.13　斑鬣狗（*Crocuta crocuta*）

现生斑鬣狗的头骨。注意大而粗壮的前臼齿，受益于后方臼齿的缺失产生的空间，前臼齿处于
颌部很靠后的位置。

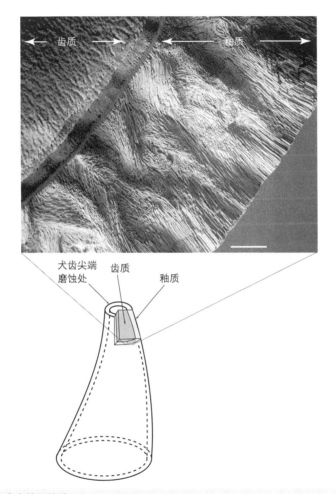

图 4.14　豪食犬的牙釉质

扫描电子显微镜下的豪食犬上犬齿釉质微结构。釉质带中单个的"纤维"是釉质晶体以复杂的形式（HSB）交织而成，以增强牙齿强度。上方照片为下方示意图所示的横切面情况。右下角的白色比例尺长度为 100 微米。（照片承蒙约翰・M. 伦斯伯格 [John M. Rensberger] 慷慨提供）

伫姿

犬类就像鬣狗和一些猫类一样，经常是奔袭型捕食者，通过持续追赶猎物来获取食物。从灵缇（也叫灰狗）和雪橇犬比赛中可以看到，犬类是众所周知的奔跑能手。长腿的优势是明显的：在其他条件都相同的时候，腿越长，步幅就越大。步幅的长度是两步之间的距离，在迈步的频率相同的情况下，更长的步幅自然带来更快的速度。因此，所有奔跑的动物（捕食者和猎物同样如此）的腿在演化中都倾向于变长，这几乎是所有陆生哺乳动物的普遍规律。

为了使腿得到最大限度的利用，长度增加几乎总是集中在四肢的远端（靠近指尖和趾尖的部分），而不是近端（靠近躯干的部分）。例如，胫骨（小腿骨）在比例上比股骨（大腿骨）增长更多。这种远近端增长不成比例的原因是较少的肌肉群附着在远端部分，而重量大的提伸肌肉主要集中在近端部分。肌肉较少意味着肢体的远端重量较轻，减少了角动量，因而肢体运动时所需消耗的能量也减少。

采取更加直立的伫姿也能增加步幅。通常来说，伫姿分为三种：蹠立式、趾立式和蹄立式。处于蹠立式时，动物用前后脚掌行走，起步时主要依靠踝关节，如人类和熊。然而，处于趾立式时，动物用前后脚趾行走，前后脚跟都抬起悬空，因此主要依靠的是趾节骨基部与其上的掌／蹠骨之间的关节。在食肉类中，犬类、猫类和鬣狗采用趾立式（图4.15）。这种姿势的直接益处就是前后脚的近端部分（分别为掌骨和蹠骨）转变为参与迈步的部分。而处于蹄立式时，动物用趾头（趾节）

的最末端行走，因此其他两个趾节（近端趾节和中趾节）抬起。蹄立式这个词来自有蹄类，指所有长有蹄子、用趾节的最末端行走和奔跑的动物，非常著名的例子有马、羊、牛等。因此处于蹄立式时，四肢形式的变化在字面含义和引申义上都达到了极致，它们行走时就像芭蕾舞演员跳舞一样。蹄立式的最好的例子是马，它的蹄子相当于人类的手指和脚趾末端以及指甲；实际上马是用它的"中指／趾"站立的，中指／趾两侧的趾骨因为全部退化而消失。

一般来说，趾立式动物的前后脚可以通过紧靠或变窄的掌骨和蹠骨来辨认，相比之下蹠立式动物有看上去更加宽大而散开的前后脚趾。因此前者的掌骨和蹠骨近乎彼此平行，这些骨骼的远端一侧近乎彼此贴在一起。

更加直立的姿势给奔跑的动物带来明显的益处：一旦原先拖在地上的趾节也参与迈步，步幅立刻就增大了。但既然好处这样明显，为什么犬类（就这个问题而言，猫类和鬣狗也是一样）没有变成蹄立式，而它们所有的猎物（马、牛、羊等）差不多都变成了蹄立式？食肉类采取趾立式或蹠立式，腿相对较短，那它们还能追上捕食对象吗？这个问题的答案似乎在于，食肉类必须在它们增加速度的需求和使用爪子作为制服猎物的工具这一需求之间找到平衡点。马蹄仅仅是起到缓冲作用的脚垫，而且马只需要用蹄子行走和奔跑，而不用做其他的事。相比之下，食肉类要用爪子（相当于马蹄）进行抓捕、挖掘、攀爬甚至杀戮。下面还有更多关于爪子的论述。

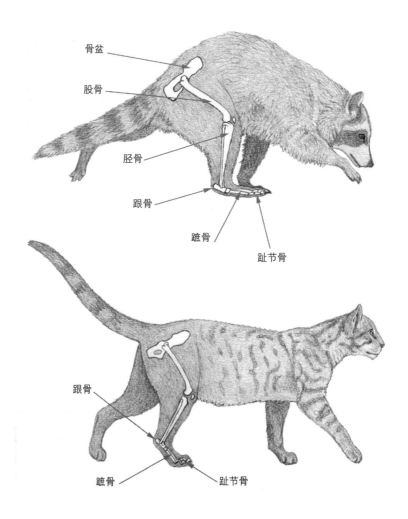

骨盆

股骨

胫骨

跟骨

蹠骨

趾节骨

跟骨

蹠骨

趾节骨

图 4.15 蹠立式和趾立式的比较

蹠立式食肉类浣熊（上）和趾立式食肉类家猫（下）的比较。注意当足部承担身体重量时，家猫的跟骨远离地面，而浣熊的跟骨临近或紧贴地面。

在快速奔跑的动物身上，另一项重要的变化就是侧趾缺失。在所有有蹄类的演化历史中，不承担身体重量的趾头退缩并最终消失是共同的趋势。马又成了很好的例子：现代马除中趾（前后脚的中趾）以外已经缺失了侧面的全部趾头。因此马的趾骨是最特化的。

在犬类演化进程中，最原始的黄昏犬已经获得了相当进步的前后脚，带有收紧的前后脚趾，显示出一种半趾立式的姿势。但黄昏犬一直长有相对发达的第一趾节（大拇指和大脚趾）和相对锋利的爪子。后期犬类的第一趾节骨大幅退缩，爪子也变得小而钝。所有的现代犬类第一趾节骨都极大地缩减，剩下的一点趾节骨基本上没有功能，因此它们的前后脚都变成了四趾。

总之，所有适于奔跑的动物都具有以下特征：远端肢骨细长、采取直立姿势、侧趾缺失以及远端肢部肌肉重量减轻。作为食草动物，有蹄类经常可以将这些身体特征推向一个极致，而食肉类必须在速度与获取食物的需求之间达到平衡。

爪子

食肉类的爪子通常行使三个重要的功能：帮助捕猎，攀爬时抓紧树皮，有些动物还需要在地上挖洞。研究显示早新生代（大约 55 百万年前）的原始食肉类是树栖生活的。它们有相对短而强壮的前后肢，可以沿着树枝上下攀爬，还有灵活的腕跗关节可以大幅度转动前后脚，这些功能对于树栖动物而言都是必需的。

经常一同出现的还有（从侧面看）长而尖锐的爪子，可以嵌入树皮从而牢固地抓住树干。尖锐的爪子对于食肉类来说还是扑倒猎物的强大工具。

爪子由角质外壳（和构成人类手指甲的坚硬几丁质相同）构成，在末端或称最后一节指节骨下方有骨质支撑。角质物由角蛋白形成，角蛋白是一种存在于各种动物皮肤、毛发和角壳中的无色几丁蛋白。尽管爪子的坚硬程度足以和骨头等硬组织媲美，但由于角蛋白在动物死后通常迅速降解，所以很少有爪子以化石形式保存下来。因此我们只能通过爪子下面最末指节骨的形态来推断爪子的形态（图4.16）。

猫科动物的爪子最重要的特性之一就是可以收缩至后脚背之中。对于在地面上行走和奔跑的动物而言，可收缩的爪子是保护其锐利爪尖的有效办法。几乎所有的猫类都有可收缩的爪子，平时在地面行动时就会把爪子收回去。但当它们爬树和捕猎时会把爪子伸出来，成为一系列尖锐的钩子。令爪子得以伸缩的机制是一条富有弹性的韧带和一道深沟槽的组合作用。韧带位于外背侧面，将爪子拉回到中指节骨（指节骨当中紧靠最末端指节骨后方的一节）；中指节骨的背面有沟槽，可以容纳缩回的爪子。这个沟槽使中指节骨从上方看呈现出不对称的外形。幸运的是，这种不对称的指节骨经常在脚骨化石中保存下来，很便于古生物学家区分可伸缩和不可伸缩的爪子。

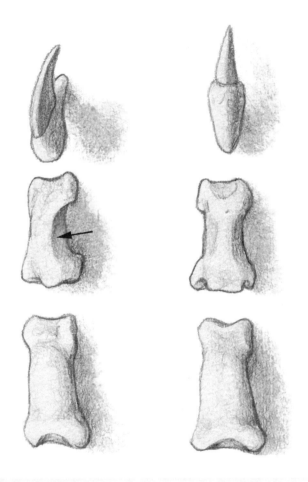

图 4.16　猫类和犬类指节骨的对比

猫（左图）和狗（右图）右前脚中间指节骨，以关节全部拆解后的背面视图显示。下方图为第一指节骨，上方图为第三指节骨（长有爪子的指节）。注意狗的爪子侧面并不那么扁平，而猫的第二指节骨外缘有明显的凹陷（如图中箭头所示），此处在爪子收缩时容纳第三（终端）指节骨。相比之下狗的第二指节骨两边几乎是完全对称的。

要注意，可收缩的爪子最初是在原始食肉类中演化出来的，功能是便于树栖。而后期的食肉类很快发现，锋利的爪子在捕捉猎物的时候是一件高效的武器。例如，一只现生的狮子可以采取牛仔的姿势骑在猎物身上，用锋利的爪子紧紧抓住猎物的皮肤，同时在猎物的脖子上予以致命的撕咬。这种能力使得猫类可以凭一己之力制服猎物。相比之下，犬类无法靠它们的钝爪挂在猎物身上。因此，如果犬类试图像猫那样骑在猎物背上，由于其爪子无法扎入猎物的皮肤，猎物可以轻松逃脱。

　　犬类演化历史中有一次有趣的反转，它们似乎在演化的早期就没能成功发展出可伸缩的爪子。犬类在适应开阔草原过程中通过增加腿的长度以及采取更加直立的仁姿来使自己更加善于奔跑，与此同时失去了收缩爪子的能力。根据化石记录，这种变化就发生在黄昏犬出现后不久。黄昏犬仍然具有中等长度的爪子，但中指节骨已经在一定程度上失去了不对称的形状。从这时开始，犬类再也没有重新获得收缩爪子的能力。它们的爪子在行走和奔跑的全部过程中都向外伸出，爪子的外壳尖端因在地面过度摩擦而变钝。（我们经常可以听到狗的脚步声，因为它的爪尖敲击地面，但猫的脚步是无声的，因为它的爪子缩回去了。）

　　当捕食者对付明显小于自身的猎物时，钝爪可能并无大碍。猎物可以被体重的悬殊所压制。然而，面临更大的猎物，尤其是比捕猎者大很多的猎物时，缺少利爪便成为劣势。从这方面来看，猫类独立抓捕猎物的能力更强（很大程度归功于其锐利的爪子）。犬类的这一缺陷可能是大型犬类以集群狩猎为主的原因之一。集群狩猎可以让它们对猎物形成压倒性优势而补偿个体抗争能力的不足（见第 5 章）。

颈部

近年来的研究（Antón and Galobart, 1999）阐明了颈部骨骼和肌肉对哺乳动物捕食者的重要性。在现生以及灭绝的犬类中，颈部的相对长度和发达程度存在相当大的差异，而且所观察到的一部分差异可能反映出不同的适应性。大部分现代犬类具有相对长而直的颈部，肌肉发达，但比猫的颈部弱。猫的颈部短，呈明显的 S 形。由于肌肉组织的特性，较短的肌肉在收缩时相比较长的肌肉更高效，因此在其他条件相同时，较短的颈部运动起来事半功倍。这就是为什么猫的短颈部在捕猎时表现如此出色，让猫在咬杀过程中能瞄准猎物头部并毫不动摇。这一功能在剑齿虎身上得到进一步体现。剑齿虎捕食非常大的猎物，需要避免撕咬过程中额外的作用力损坏它那一对脆弱的上犬齿。

狗不仅颈部比猫长，肌肉附着在每块颈椎上的部分也比猫小，表明肌肉的力量更弱。现代犬类弥补它们的长脖子这种机制性缺陷的一个方法是拥有项韧带，类似于在有蹄类身上发现的项韧带（图 4.17）。项韧带从前侧胸椎的顶端开始，沿颈部背面延伸，它无需肌肉运动收缩便可支撑头骨的重量，从而节省能量。（有一个重要的不同点：偶蹄类的项韧带附着在头骨的后部，但犬类的附着在枢椎或称第二颈椎的后部，所以项韧带这个词用在犬类的特征上并不准确。）其他现生食肉类没有项韧带，推测这一结构在犬类中的起源是一件有趣的事。然而，化石显示一些犬类有相对较短的颈部，肌肉附着部分更加发达，而且从枢椎的形态判

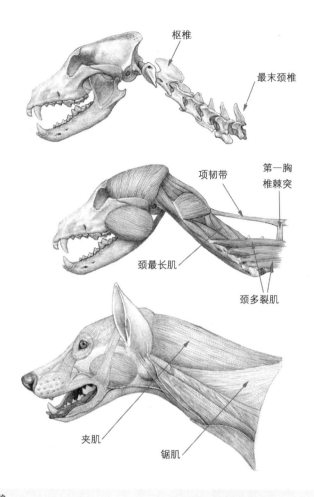

图 4.17 灰狼

现生灰狼的头骨及颈椎（上图）、深层肌肉（中图）以及颈部和头部浅层肌肉（下图）。颈部长而直，项韧带（在前部胸椎的棘突和枢椎或称第二颈椎后部之间延伸）有助于在没有过多的肌肉作用下保持头部抬起。

犬类和它们的化石近亲

断，它们没有项韧带。

真犬亚科的早期成员是最早明确具有连接着项韧带的现生颈部形态的类群，表明这个结构是真犬亚科都有的。真犬亚科早期类群，如始犬的另一个明显特点是腿骨增长，特别是前肢骨远端部分，如桡骨和掌骨。我们已经看到，这一适应特征为更高效地奔跑而生，而在始犬的例子中，这种特征最可能是为了满足跨越更广大的地区搜索猎物的需求。因为始犬的栖息地一直向着更干旱、更开阔的方向转变，猎物的分布也越来越广。观察长腿和长颈的发展之间的关联是一件有趣的事。但在具有长腿的食肉类中，猎豹却有短的颈部。我们仍然能从这些变化中看到功能上的关联吗?

实际上，与猫的觅食途径不同，狗更多依靠气味追踪。猫主要靠视觉和听觉来探测猎物，而据我们所知，狗必须"顺着它们的鼻子"来定位猎物。随着早期真犬亚科的腿不断变长，一个能使它们的鼻子贴近地面去跟踪气味的更长的颈部就很必要了。项韧带成为一个优势特征，使得真犬亚科可以长时间保持低头姿势，以此来降低脖子肌肉的能量消耗。颈部肌肉力量的减弱对这些狩猎相对小型猎物的早期真犬亚科来说不是个大问题，而这一家族更大、更晚期的成员则为力量不足的颈部肌肉和纤弱的前肢付出了代价。纤长的前肢适于奔跑，但不那么适合抓捕猎物。然而，这些劣势都由集群狩猎的本领补偿了。所有高度肉食性的大型现代犬类都采用集群狩猎。

在一些高度肉食性的化石犬类中，发现了一个不同的情况。猫齿犬的颈部是一个有趣的例子（图 4.18）。与现生灰狼（图 4.17）相比，猫齿犬有着明显的 S 形的短颈部，带有发达的肌肉附着部分，枢椎的形态表明没有项韧带。这样的特征对这样一种捕捉大型猎物的猎手来说会有优势，而且配合相对更短、更灵活、肌肉更发达的前肢，无论单独狩猎还是小规模群体狩猎都更能够应付大型猎物。这种构造更容易发展出来，是因为原始豪食犬类保持着相对原始的颈部构造，缺乏项韧带。现代的狼、豺和非洲野犬也可能从这样的颈部解剖结构中获益，但它们的祖先身体较小，使它们受到了限制。尽管如此，对骨骼比例的详细研究（Hildebrand, 1952）表明，这三种捕食大型猎物的猎手与其小型近亲如胡狼和郊狼相比，颈部比起就其身体大小而言本应具有的长度要短一些。因此，看起来一些"演化调控"一直在进行着。

大脑

尽管大脑软组织在化石记录中几乎从来没有保存下来过，但其突起和沟槽（专业术语分别为"回"和"沟"）的形状能在脑颅的内表面留下清晰的印痕。古生物学家可以通过对这些印痕表面做乳胶内模（铸模），最终得到相当细致的大脑模型。尽管古生物学家在 70 年前（Scott and Jepsen, 1936）就描述了黄昏犬的大脑天然铸模（当脑颅骨头破坏后，脑内模的形态经常可以通过这样一个铸模显现出

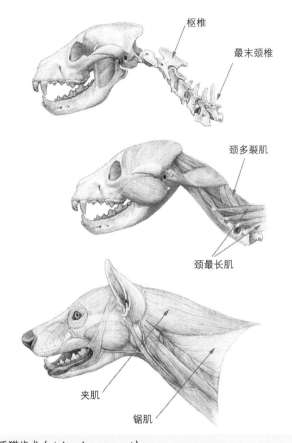

枢椎

最末颈椎

颈多裂肌

颈最长肌

夹肌

锯肌

图 4.18　麦氏猫齿犬（*Aelurodon mcgrewi*）

豪食犬类麦氏猫齿犬的头骨、颈椎和颈部肌肉。不仅肌肉附着在椎体上的较大的部分表明麦氏猫齿犬的颈部肌肉比狼强健，更短的颈部和强烈的 S 形弯曲也显示猫齿犬的深层肌肉，如颈多裂肌从发出点到附着点的跨度更短，从而提供功能上的优势。其他肌肉的附着处在颈部延伸，并向两侧弯曲，如猫齿犬的颈最长肌向侧面延伸较远，使得这些肌肉能更加高效地转动脖子。即便更浅层的伸肌，如夹肌和锯肌，也因为较短的跨度而变得更加高效。

来），但伦纳德·雷丁斯基（Leonard Radinsky, 1969, 1973）是第一个研究犬类大脑形态系统对比的学者。

生活于晚始新世至早渐新世（35 百万—30 百万年前）的黄昏犬的大脑具有相对简单的大脑纹路和不发达的额区。这可能对所有的食肉类来说都是一种原始的状态。直至早中新世（22 百万年前），大部分犬类在紧靠嗅球后方的眶回具有了膨大的额前皮质，这一趋势在后期的犬类中一直延续下去。雷丁斯基注意到三种高度肉食性的集群狩猎者狼、豺和非洲野犬的冠回（靠近额区）出现一个窝。他推测额前皮质上有一个相对较大的复杂的回，可能与集群狩猎行为有关。尽管这些研究提出了一些有趣的模式，但我们要注意的是行为模式经常难以和大脑的外部形态具有直接的关联。

约翰·L. 吉特尔曼（John L. Gittleman, 1986）对不同食肉类的大脑相对大小做了一次广泛研究，发现在食肉目不同的科之间存在显著的差别。犬类相对除熊以外的大部分食肉类来说更"聪明"。吉特尔曼将这个差别归因于食肉目不同的科在各自早期演化中的历史发展。他还发现肉食程度更高（食用的肉类多于其他食物）的类群也有更大的大脑。他推测食肉动物的大脑尺寸增加是由于其具有更加复杂的觅食策略，包括在快速探测猎物、追袭、捕获和食用上做出选择。

5

捕猎与群体活动

作为捕食者，犬科动物必须定期捕捉猎物以充饥。就像食肉类中任何其他门类一样，犬科动物将肉类作为它们饮食中的重要部分。狩猎在任何捕食者的日常生存中都是头等重要的。食肉类中某些种类所处的生态位是由它们狩猎方式所划分的，这一点可能并不奇怪。犬科动物的狩猎技巧以及集群狩猎的现象将所有的犬科动物划分为同一个类群。

体形大小为什么重要

在食肉动物中有几件重要的事情与体形大小相关。稍微有一点体育运动经验的人都知道，身体大小是很重要的。无论对手的技术有多好，身体大小上的优势可以压倒对手。这就是为什么像摔跤和拳击这样的运动要划分重量级——一个体重明显更大的对手拥有太大的优势。因此体重就是捕食者与猎物所在的世界中最大的平衡机制。

在动物世界，体形大小经常是生存的重要因素。如成年象和犀牛之类的巨型动物完全摆脱了对捕食者的担忧（它们的幼崽更容易受到捕食者的威胁）。这可能是脊椎动物演化历史中多次发展出巨大体形的最重要原因。简单来说，大型食草动物对较小的食肉动物来说风险太大：在选择把谁当作下一顿饭的时候，食肉动物必须反复权衡利害，一顿大而丰盛的晚餐自然令食肉类垂涎，但与比自己更大的动物殊死搏斗又一定伴随着受伤甚至死亡的风险。因此，捕食者和猎物之间体形大小的协同变化在我们了解捕猎关系变化的研究中是最耐人寻味的一个领域。

尽管巨大的身躯对于食草动物逃脱捕食者猎杀无可否认会提供帮助，但对捕食者而言，情况可能明显不同。1999 年，一支由克里斯·卡朋（Chris Carbone）领导的英国动物学专家团队发现了有趣的证据：食肉类对猎物的选择经常取决于捕食者自身的大小。通过记录捕食者及其猎物的体重，卡朋团队发现体重小于 21 千克的小型捕食者与体重大于 21 千克的大型捕食者之间有着非常明显的区别。小型捕食者捕食无脊椎动物或是远小于自身的小型脊椎动物，而大型捕食者经常捕食等于或大于自身的猎物。在体重 21 千克处存在一条分界线，而超过这条线的捕食者一般会与比自身大很多的猎物搏斗。为什么会有这样一条界线？为什么大型捕食者不去捕食小型无脊椎动物和脊椎动物，以避免自身受伤？

小型食肉动物在制服大型猎物上存在体能方面的困难，这可能是不同大小的食肉类在选择捕食对象时表现出行为差异的一个重要原因。但卡朋和他的同事

（Carbone, 1999）提出能量才是关键因素。他们指出，小型捕食者所需摄入的能量较低，因此可以靠少量小型无脊椎动物来维持。相比之下，较大的猎食者必须消耗更多能量才能满足它的日常活动需求。这些研究人员提出一个假说，上述大小上的差别是与体重相关的能量需求造成的；体重 21 千克是一个关键点，捕食者达到这个体重，食物就必须由无脊椎动物和小型脊椎动物变成更大的猎物。大型捕食者在追捕猎物时要燃烧大量的能量，流失的能量必须通过摄入更多食物来补充。因此随着体形的增大，食肉动物必须在捕猎习性上做出相应的改变，来为它们日常的能量消耗提供足够的营养与能源。这一假说可能听上去疑似著名英语谚语"你是什么样取决于你吃什么（you are what you eat）"的翻版。在我们讨论的这种情况下，应该说"你吃什么实际上取决于你是什么样"。从演化的角度来看，情形会变得更加复杂。

体形增大的竞赛

古脊椎动物学界的老前辈理查德·德林克·科普提出一个基本法则，指出脊椎动物的演化趋势是体形从小变大。"科普法则"的两个极端的例子分别是中生代（248 百万－65 百万年前）的恐龙和现代海洋中的鲸。尽管在每个生物体必须遵循这条法则的意义上，生物演化几乎从来依照物理定律的形式发展（在很多分支中都有体形变小的例外情况），但是科普法则可以看作很多生物类群中一个主导性的规律，因此可能最好称其为"科普规律"。

根据捕食者与猎物的变化关系，科普规律看上去的确在很多生物类群中都适用。布莱尔·范瓦尔肯堡、王晓鸣和约翰·戴姆斯（Blaire Van Valkenburgh, Xiaoming Wang and John Damuth, 2004）探究了科普规律在犬科动物演化中的适用性。结果表明犬科动物不同的类群中都演化出了不断增大的种类，而且有意思的是，更大型的种类在颌部和牙齿上也体现出食肉能力的增强（第4章）。换句话说，在犬科动物中显然存在一种对更大体形的选择，而它们的体形越大，它们的食物就越局限于肉类。尽管文章中发表的数据主要针对黄昏犬和豪食犬，但是我们估计同样的结论也适用于真犬亚科，特别是犬—异豺—豺—非洲野犬支系。我们对于犬科动物化石记录的演化观点，与我们的动物学同行所提出的体形限制假说是一致的。

我们要赶快加上一条：并不是**每一个**犬科动物类群都遵从这种演化选择。事实上，在整个犬科的演化中有一些始终小如狐狸的类群。它们的体形始终较小，有时甚至变得更小。这些形如狐狸的犬科动物在演化上的保守不仅在于保持小的身体，还体现在身体其他部分都变化不大。小型犬科动物中的这种保守现象可能是与大型种类竞争的结果。已经发展起来的大型捕食门类可能会阻止其他门类占据大型捕食者的生态位。小型犬科动物在强弱排序上（在种间竞争，而非种内竞争的层面上）可能没有占据引人注目的地位，但它们对于食肉类的整体"健康"（即一个类群在演化的漫长时代中的总体平衡与多样性）非常重要。当一个大型捕食类群灭绝时，小型类群几乎总是因竞争骤然缓解而体形变大，以此来快速占据大型类群的生态位。一些形如狐狸的类型，如黄昏犬、古犬和纤细犬便是这样的情况。它们在其他高度肉食性的大型类群灭绝之后便发展壮大。一个类群中缺少小型种类的危险，在黄昏犬亚科和豪食犬亚科中可以看到。凶猛的大型捕食类群，如奥氏犬和豪食犬可能没有竞争对手，但当这两者灭绝时，由于没有小型的黄昏犬亚科和豪食犬亚科成员补上去延续这个类群，这两个亚科都随着它们中间的顶级猎食者一起灭亡了（见图 7.2）。

顺着这个思路，稍停片刻来想一下现代食肉动物的未来可能是一件有意思的事。除了鬣狗科与熊科这两个特例外，其他所有食肉目中的科都是均衡的群体，有大型的也有小型的种类。如果大型种类灭绝了，小型种类可能会快速向身体增大的方向演化，从而取代灭绝种类的位置。鬣狗科与熊科是不存在这种情况的群体。除了土狼这种高度特化的吃白蚁的动物之外，鬣狗科其余三个现生种都是高度肉食性的大型动物。如果它们灭绝了，鬣狗科这一演化中的大类群便会因没有小型的替代类型而终结。

图 5.1 海氏近犬和纤细古犬的比较图

以上为这两种豪食犬类的头骨图和头部复原图，缩小的比例相同。左上和中央为海氏近犬，右上和底部为纤细古犬。古犬属起源于晚渐新世（27百万年前），是豪食犬亚科中已知年代最早也最原始的成员，近犬属起源于晚中新世（9百万年前），这个属包括最大型的豪食犬亚科动物，实际上也是迄今已知的最大的犬类动物。

性双型

"性双型"这个词是指同一物种不同性别的形态差异。例如,在美国男性平均体重为 78.5 千克,而女性的平均体重为 62 千克,换成专业的说法就是有 26.6% 的雌雄体重差异。这个差异相比其他一些物种并不是很大,比如象海豹就拥有非常大的雌雄差异,雄性象海豹的体重可以是雌性象海豹的 2 倍甚至 3 倍。

在犬科动物中,性双型经常很不明显。例如,以我们自己所掌握数据来度量,得出了如下结果:在一个由 12 只新英格兰赤狐组成的群体中,雄性个体的头骨平均长度为 114.4 毫米,而相比之下雌性个体平均长度为 106.4 毫米,也就是说,雄性个体比雌性个体大 7.5%;在一个由 12 头内华达郊狼组成的群体中,雄性个体的头骨平均长度为 145.2 毫米,相比之下雌性个体平均长度为 142.9 毫米,雌雄差异更小,只有 1.6%。然而一般情况下,更大型、肉食性程度更高的种类相比较小型、肉食性程度相对较低的种类倾向于具有稍高的雌雄差异。众多学者发表的研究结果指出,狐属的头骨和牙齿从线性测量数据来看存在 3% 到 6% 的雌雄差异,犬属为 3% 到 8%,灰狐近乎没有雌雄差异。

在已灭绝的类群中,靠化石来区分雌雄性一般是很困难的,除非在极少数情况下,骨骼之中保存有阴茎骨,这是雄性个体的明确记号。最明显的雌雄差异通常是牙齿的尺寸。雄性个体倾向于具有比雌性个体更大的犬齿(这可能是用于争夺配偶:雄性犬类在咆哮时显露出更大的犬齿就更容易吓退对手,这在很多雄性脊椎动物中是普遍现象，它们会挥动自身引人注目的展示器官，如各种角和獠牙）。因此我们在判断化石种类的性别时以犬齿的尺寸作为粗略的标准。基于这个方法，我们对化石材料进行分析，推测已灭绝的犬类有较小的雌雄差异范围，与它们的现代亲属相似。

在哺乳动物中，雌雄差异大的种类倾向于具有一夫多妻的交配制度。在这个制度下，一只具有统治地位的雄性个体拥有群体中的多个雌性个体，将其他雄性个体排除在外。现代非洲狮和象海豹是这个制度的典型代表。相比之下，犬科动物在社群中更多实行一夫一妻制，因此不需要太大的雌雄差异来维持这种制度。这一点甚至在过去一些最大型的犬类动物中也是同样的。基于对洛杉矶的乔治·C. 佩奇博物馆（前面提到的沥青湖）大量恐狼藏品的测量，布莱尔·范瓦尔肯堡和泰森·萨科（Blaire Van Valkenburgh and Tyson Sacco, 2002）估计，生活在冰河时期的大型恐狼拥有和现代犬科动物相同水平的雌雄差异。

集群狩猎

尽管很多种类的狐狸都是独居的，但大部分犬科动物，尤其是大型的种类都有高度复杂的社会行为。肉食性程度高的种类，如非洲野犬和狼都组建出复杂的群体。这些群体主要由家族团体构成，每个群体可多达 30 个个体。在一个群体内，占有统治地位的一对夫妇进行生育，而地位稍差的雌性个体的生育行为受到压制。

成年的雌雄个体还对幼崽进行保护和喂养，尽父母的职责。这种现象叫作异亲抚育。在狩猎时，这些成群的犬科成员常常进行复杂的群体合作，如接力赛式地追逐猎物、预先设下伏击等。可能除了鬣狗科之外，食肉类其他各科都无法与拥有如此复杂社会结构的犬科相比。

那么我们自然要问：为什么群体狩猎有优势？毕竟过群体生活是要有付出的。比如，寄生虫在一个群体里更容易传播（因此经常需要个体之间互相清理），群体狩猎所得到的猎物必须共享，抚育幼崽的工作必须共同分担。然而群体狩猎必然有其优势，否则这样的策略不会在那么多种类中独立地演化出来。行为生态学家提出了三个有利的因素：以量取胜、保护猎物、防守领地，我们再加上一个功能形态学因素。

以量取胜

在对抗任何对手时，成群结伙的优势都是相当明显的。通过一些集体性的行动，例如追击过程中的接应和伏击（图 5.2），群体狩猎有较高的成功机会。但可能更重要的是，群体狩猎让一群犬科动物可以擒获比单个捕食者大数倍的猎物。大型偶蹄类，如麝牛、野牛或驼鹿巨大的身体通常远非一头狼的技巧与力量可以应付。然而在群体狩猎时，狼群便胆敢去捕捉它们遇到的几乎任何大型哺乳动物。甚至大型的食肉类，如熊这种在自己的领地可以凭一己之力称王称霸的动物，也被目击遭受群狼的追逐。狼群群体狩猎经常要长途奔袭，整个过程包括耗尽猎物的体力以及以多次小的撕咬造成创伤，有时一连要花费数小时。这样的长距离追捕对于一个单独行动的狩猎者而言是难以想象的。即便是在捕捉相对较小的猎物时，尽管单个的猎食者足以完全压制猎物，采取包围猎物切断其退路等策略来进行协作，也仍然能带来好处。

保护猎物

在食肉类分布均衡的动物群落中，例如在非洲，相比靠自己的力量去捕捉猎物，抢夺其他捕食者的猎物可能是获得一顿食物的更便捷的方式。甚至非洲最大的犬科动物，体重 20 到 30 千克的非洲野犬，论单打独斗都无法和一头狮子或一只斑鬣狗相比。因此，狮子和斑鬣狗经常抢夺非洲野犬的猎物。丧失食物的直接结果就是非洲野犬的日常体能消耗显著增加，因为它们不得不花更多的精力去弥补损失。这可能是非洲野犬在非洲分布稀少的一个原因。而群体不仅能防止其他种类的动物抢夺猎物，也能防卫同类的其他群体。

防守领地

依靠群体狩猎的大型犬科动物通常有较高的领域性。守卫群体自身领地内的资源增加了群体的消耗。一个狼群可能拥有达 6000 平方公里的领地，尽管范围会时有变化。在这样广大的领地内，与其他狼群或是独狼遭遇的机会微乎其微。

但一旦碰上了，拥有这片领地的狼群就会疯狂守卫领地，入侵者经常被毫不留情地杀死。

形态上的功能限制

除了以上三个因素，功能形态的局限也是采取集群狩猎的一个至关重要的因素。如第4章所讨论的，犬科在早期演化历史中便失去了将爪尖缩回的能力。相比猫科有伸缩性的爪尖，犬科指端所伸出的相对较钝的爪尖在擒抱以及挂在猎物身体上时就会相对无力。不像猫科那样通过跳到猎物身上给予致命的一咬来快速杀死猎物，犬科通常只能对猎物的臀部和腿部进行非致命的啃咬，最终使猎物失血过度、力竭休克而倒下。因此，犬科追杀猎物的过程相对"残忍"，猎物通常不会迅速死去，而是活活地被一点点咬死。所以当犬科面临比它们自身大得多的猎物时，它们只能依靠集群狩猎。

组建群体或许还有其他优势，而现存的大型种类（如灰狼、非洲野犬和豺）都无一例外地组成群体。这一事实表明犬科动物的社群行为在整个科的多数成员的演化历史中都有显著的益处。基于上述事实，有人进一步提出了一个推论性的问题：不断增长的社群组织行为是否也意味着智力相应增长？换句话说，集群狩猎和智力之间是否存在必然的关系？复杂的社群行为是否代代相传？犬科的智力是否高于其他食肉类？更具体地说，狗是否比猫聪明？

如果就现存种类而言这些问题就很难回答的话（第8章），对已灭绝的种类而言就更难回答了。要寻找答案，最明显的地方是大脑。然而大脑软组织不形成化石，古生物学家只能观察作为替代物的大脑内模化石。伦纳德·雷丁斯基（Leonard Radinsky, 1973）可能是第一个尝试通过研究不同时期犬科动物大脑内模化石来回答已灭绝的犬科动物社群活动问题的人。雷丁斯基观察到犬科大脑上的回比猫科更发达。回是大脑前部的突起。现代集群狩猎的犬科动物，如灰狼、豺、非洲野犬大脑上的回看上去都要比狐狸更加向背侧膨大。雷丁斯基在观察大型豪食犬类，如猫齿犬、近犬、豪食犬化石时，发现它们的上述结构并不是很发达。因此他止步于此，并没有再推断这些大型犬科动物是否群体狩猎。

布莱尔·范瓦尔肯堡、泰森·萨科和王晓鸣（2003）以另一种方式来探讨群体狩猎的问题。在现存种类中，捕捉大型猎物的狩猎者经常伴随着一系列适应特征，包括深的下颌、宽阔的吻部、增大的门齿和犬齿。这些适应特征看上去是为了应对在猎杀大型猎物时头骨和牙齿所经受的较大荷载。通过使用主成分分析的统计方法对这些形态特征进行几何形态学的量化处理，我们发现大型豪食犬类占据了现代鬣狗和犬科之间的中间形态位。高度肉食性的豪食犬像鬣狗一样有着比犬科更强壮的下颌和更发达的下颌肌肉。但是豪食犬裂齿之后的白齿保持着高度的咀嚼型，这点与犬科相似，与鬣狗不同。显而易见，尽管高度肉食性的大型的豪食犬在分类系统中为犬科动物，但它既像群体狩猎的鬣狗，又像非洲野犬。从豪食犬没有可伸缩的爪尖来看，可以合理地推测它们可能进行群体狩猎（图 5.3）。

图 5.2　早更新世时期西班牙的生态复原图

一群犬科动物非洲野犬型异豺（*Xenocyon lycaonoides*）在捕捉一只像山羊一样的羚羊。这个已灭绝的种类与非洲野犬的相似性令我们推测它们有相似的狩猎方式。

图 5.3　猫齿犬

两只豪食犬亚科动物猫齿犬正在对猎物进行激烈追逐。这种大型豪食犬类的牙齿、解剖特征和身体大小表明它们捕食大型猎物，而且可能两只或更多只组成群体来捕捉大型有蹄类。

腐食者还是猎食者？

许多豪食犬亚科成员都很容易被认为是鬣狗一样的动物，因为它们具有硕大的头骨和与现代鬣狗相似的牙齿。对有些人来说，这些相似之处表示这些已灭绝的犬科动物主要食物是其他动物的尸体而非新鲜的猎物。在人们的印象中，食腐动物由于吃腐烂的肉以及别的动物吃剩的骨架而臭名昭著。它们还被看作演化中次要的生态角色，因为它们不会对猎物群体的自然选择施加直接影响。相比之下，猎食者会通过和猎物形成捕猎关系来直接影响猎物的演化（猎物必须向能更有效地躲避或逃脱的方向演化）。然而，更近距离观察现代非洲东部动物群落中最强大的碎骨动物斑鬣狗，就会发现这种动物捕杀新鲜猎物，要远比食用腐烂的动物尸体更为常见。斑鬣狗强壮的前臼齿有助于它们在成群进食时快速吃掉猎物，几分钟之内连骨带肉一扫而空。相比之下，在小一些的鬣狗，如棕鬣狗和缟鬣狗的饮食中，动物尸体明显占更大的比例。

对已灭绝的食肉动物而言，弄清它们是腐食者还是猎食者甚至更加困难。这个问题同样困扰着研究恐龙的古生物学家们，他们一直对霸王龙的食性争论不休。巨大的碎骨型动物，如海獭犬、近犬和豪食犬，它们是凶猛地主动捕杀猎物还是搜寻动物尸体为食呢？凯瑟琳·蒙蒂（Kathleen Munthe, 1989）在她关于豪食犬亚科功能形态学研究的博士论文中得出结论：拥有粗壮的头骨、灵活的前肢，牙齿经常磨损严重的大型豪食犬亚科动物，如好运豪食犬，是食腐动物。然而，强壮的头骨和磨钝的牙齿只能表明它们强大的碎骨能力，说它们具有食腐的特征则往往不足以令人完全信服。一组强壮得足以咬碎大骨头的牙齿固然有助于全面利用动物尸体的营养价值，但现生的鬣狗已经证明，并不是所有的碎骨动物都是食腐动物。一种高度适应于碎骨的特征更可能是群体进食的表征。当一群大型犬类共同享用一份刚刚杀死的猎物时，快速进食恐怕才是第一要务。每一个体都想尽快吃到自己那一份食物，这时能够迅速咬碎骨头并一口吞下大块骨肉的个体无疑更有竞争力。如果是这样的话，拥有碎骨型牙齿的灭绝种类可能更多地显示了高度的集群捕猎的行为特征，而不一定是食腐的结果。

以现代的食腐型食肉动物，如棕鬣狗和缟鬣狗为例，食腐动物通常还具有较低的种群密度和有限的分布范围，因为食物来源（动物尸体）相对稀少。然而，豪食犬亚科的化石记录表明，它们的情况与我们预料中的食腐动物的情况恰好相反。一些进步的豪食犬类，如好运豪食犬，在某些化石地点（如得克萨斯州北部晚中新世科菲兰奇化石坑）数量极其丰富，在北美（南至洪都拉斯和萨尔瓦多）分布也极其广泛，由此可见其在这些地区的食肉动物群中具有毋庸置疑的统治地位。单靠食腐支撑如此庞大的类群是难以想象的。

图 5.4　好运豪食犬（*Borophagus secundus*）

一群好运豪食犬在食用猎物。这幅复原图中描绘的群体抢食可能有助于有效利用猎物的尸体，一些好运豪食犬可以从尸体上撕下一块后离开犬群更加安静地进食，咬碎骨头获取其中的营养成分。

犬科与猫科的对比

现代食肉类的三个科囊括了顶级猎食者，分别是犬科、猫科和鬣狗科（名单中没有熊科，因为尽管熊可以在特定的地区称霸，但它们主要还是杂食动物，而且除了北极熊这个特例，很少有熊终年以肉食作为主要食物）。每个类群中的顶级猎食者经常是高度肉食性的大型动物，可以擒获比自身大数倍的猎物。尽管这些当代猎食者中的佼佼者并不一定一直是它们那个类群中最顶尖的（每一科在遥远的历史中都有很多已灭绝的成员，如犬科中的近犬、鬣狗科中的硕鬣狗以及猫科中多种多样的剑齿虎，它们更大、更强壮，比现代类群更加特化），但它们从各自的现代亲属中脱颖而出，成为终极杀戮机器的代表。因此比较这三类大型捕食者的狩猎行为是很有意义的。通过这样的比较，人们可以从大型食肉类的行为方式中获得进一步认识。

如果不嫌过度简化，犬科与猫科的比较可以归结为犬科的耐力和速度与猫科的潜行能力和力量之间的比较。猫科经常被看作终极杀戮机器，是由于它们将速度、敏捷、优雅和杀伤力超乎寻常地结合到了一起。这样一种令人生畏的身体特征的组合，对于长着一口专门用来吃肉的牙齿、高度肉食性的动物来说是非常理想的搭配。爬树（树栖运动）的能力在猫科动物中普遍存在（除去狮子等过于庞大的都会），这可能是因为它们更喜好森林环境。树木可以提供绝佳的掩护，但它们在快速追逐猎物时也有被绊倒、碰伤的危险。因此我们可以直观地想象，猫类几乎都是悄无声息地接近猎物，然后尽量以突然袭击的方式来攻击猎物。捕捉的过程通常是以锋利的爪子抓住猎物，按在地上，再用强有力的犬齿给予致命的一咬。追捕是短暂的，杀戮是迅速的。

图 5.5　狮子

现代的狮子捕食羊的两个场景。大型猫科动物很善于独立捕杀大型猎物。它们用锋利、有力的前爪抓住猎物，按倒在地，再用强有力的犬齿撕咬。犬科动物的解剖学结构不适合这种狩猎方式。

相比之下，现代犬科动物由适应开阔平原的陆生祖先演化而来（个别现生种类还保持着适应森林环境的能力，如北美的灰狐与东亚的貉，见第6章）。与猫相似，犬科的腿也很长，但更偏重长距离奔跑的耐力，而不是短距离的爆发力。在开阔平原上接近猎物时很难不被发现，突然袭击鲜能奏效。所以长距离追赶并耗尽猎物的体力，比在尽可能短的时间内抓住并制服猎物更加重要。由于缺少大多数猫科都具有的强力武器，例如可伸缩的爪尖，犬科在对抗大型猎物时更多地依靠集群狩猎（不过现代的狮子也能进行复杂的协同狩猎）。这样一种解剖结构和行为特征上的组合，包括多用途的中等肉食性的牙齿，使得犬科在觅食时有其独特的本领。

　　当然，上面的比较是对这两个科的概括。每个科都拥有形态各异的成员，然而，这些成员在行为能力上表现出很强的共同特点。这种约束性与系统发育相关，相近的谱系关系会成为预测行为模式的最佳指标。关于这种由系统关系决定的约束性，行为生态学家大卫·W. 麦克唐纳（David W. MacDonald）和克劳迪奥·西列罗－苏维里（Claudio Sillero-Zubiri）评论道："尽管对犬科动物多样性的认识与日俱增……我们花费终生时间对这些动物的观察却促使我们认识到了犬科成员的一致性。"（2004：6）从很多方面来说，本章中对犬科和猫科的比较无异于典型的"猫与狗"的比较。毕竟，这两种家养动物都是相应的野生种类最近期的后代（见第8章），而且它们的行为对其野生祖先而言是最贴近的写照。

犬科与鬣狗科的对比

鬣狗科在行为和解剖结构上与犬科的相似度远远大于与猫科的相似度。一般观察者难免会看到它们外观的整体相似性，因此当得知鬣狗在系统发育关系上与猫的关系比与狗的关系更近时，往往会大吃一惊。的确，所有的现代鬣狗在身体大小、比例（除了独特的隆起的肩部）和吻部长度方面都"像狗一样"。中国没有野生鬣狗，因此古汉语中不存在这种动物的词源。早期中文翻译 hyena 这个词时，引用了"鬣"字（指马及狮子等动物颈上的长鬃毛，这也是现代鬣狗的一个特征），但又额外加了一个"狗"字。显然，中文中最初翻译 hyena 这个词时，还经常将这种动物与犬科相提并论*，而它与猫科的分类关系一直到 20 世纪才清楚起来。

更近距离的研究揭示出犬科与鬣狗科在形态和行为上的更多相似性。像犬科一样，鬣狗具有无法缩回的钝爪，因此无法爬树。它们的牙齿成为它们制服猎物时唯一可以使用的工具，而爪子从来不是它们攻击猎物的武器。相比猫科较短的吻部和数量减少的前臼齿，鬣狗像狗一样，长长的吻部和下颌上排列着一套完整的前臼齿。与犬科一样，鬣狗杀死猎物的方式是一口一口地咬伤不同部位，不像猫科那样紧咬猎物颈部而使其尽快窒息或咬碎颈椎而破坏其中枢神经。另外，鬣狗像犬科一样，是耐力极强的追击者，它们是长途奔袭的能手，而不是靠以突袭为生的刺客。有了

---

* 人们早期对鬣狗（hyena，音译为"海乙那"）的认识，可见于鲁迅小说《狂人日记》："记得什么书上说，有一种东西，叫'海乙那'的，眼光和样子都很难看：时常吃死肉，连极大的骨头，都细细嚼烂，咽下肚子去，想起来也教人害怕。'海乙那'是狼的亲眷，狼是狗的本家。"——译者注

这些能力和局限性的结合，无怪乎鬣狗也倾向于以多达 25 只个体组成的高度社群化的群体集群狩猎，尤其是当它们试图对抗（比自身还大的）大型猎物时。

犬科与鬣狗科的相似性是漫长地质时期中发生趋同演化的典型例子。虽然很多细节我们还不知道，但据推测，鬣狗科与犬科几乎在新生代刚刚开始的时候（大约 65 百万年前）就走上了不同的演化道路。这时恰逢中生代恐龙在一次灾难性的小行星撞击之后灭亡了。新生代开始后不久，就出现了古灵猫科的早期祖先，而传统观点认为古灵猫科是所有猫形类食肉动物（包括鬣狗科）的古老祖先。（然而，吉娜·威斯利－亨特和约翰·J. 弗林 2005 年的研究表明，古灵猫科是食肉动物早期演化出的一个旁支，没有演化出任何现生科。）细齿兽科是包括犬科在内的犬形类食肉动物的祖先，在几百万年之后的始新世时期出现。

犬科最早期的成员原黄昏犬（见第 3 章）出现于晚始新世（大约 40 百万年前），化石记录表明它是出现在北美的现生食肉动物中第一个科。然而鬣狗科的化石记录要晚得多，于早中新世（大约 20 百万年前）出现于欧亚大陆。因此鬣狗科的历史只有犬科的一半。尽管历史上鬣狗科在亚洲占据的区域范围和生态多样性都胜于犬科在北美区域的情况，但鬣狗科整体上的种类多样性明显低于犬科。然而，鬣狗科在晚中新世到上新世达到巅峰，出现了一系列捕食性动物，从巨大的碎骨类型，到类似黄昏犬和豪食犬类等早期犬科动物的敏捷追击型。犬科和鬣狗科已灭绝的类型同现生类型在生态上可能极为接近，它们相互独立演化出一系列相似的特征。因此，当要为猫齿犬和近犬等大型豪食犬类寻找类比时，现生的斑鬣狗可能会为豪食犬类使用硕大的牙齿咬碎骨头的方式提供绝佳的范例。

6

环境的变化与犬类演化

作为食肉目的成员，大部分犬类都是捕食者。因此纵观犬类演化历史，它们与猎物之间有着错综复杂的密切关系，而其猎物转而又受到周边植被群落的直接影响。

在过去的 30 年里，通过科学家不懈努力，全球长时期古气候记录已经浮现出来。通过研究南北极地区冰芯中的气泡、洋底和湖底钻探岩芯、风成沉积以及洞穴中的钟乳石，我们可以了解很多不同地区的气候历史。特别是保存于海相沉积中的微生物，如单细胞的有孔虫，使我们可以获得非常详尽的古代海洋温度变化图，作为全球环境的指标来参考（图 6.1）。从这样的研究中，我们得知在整个新生代（过去将近 65 百万年中），温度的多次波动对这些环境影响深远。本章试图用简洁的叙述令读者对新生代时期的整体气候变化及其对相关生物群落的影响有一个认识。在这样的背景下，我们就能开始理解自然环境的剧烈变化以及生物相应的响应。由于犬类在早期生存的大部分时间基本只留在北美，我们只需要关注这一时期北美犬科所处的直接环境。

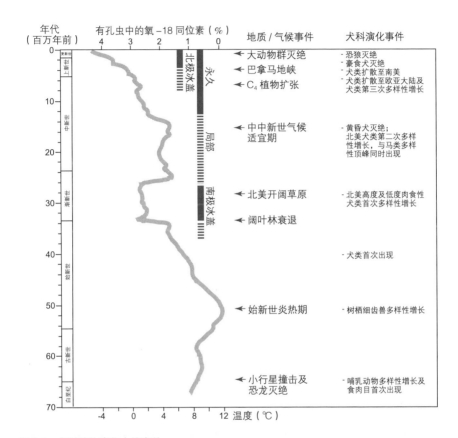

图 6.1　犬科动物演化中的事件

犬类演化中的主要事件以及相应的地质和生物事件。横坐标是过去 65 百万年里的全球温度变化
（底部的标尺），纵坐标纵贯整个新生代（左侧，下面年代更早，上面更晚）。温度变化曲线（根
据扎考斯等人 2001 年的结果简化）是由不同洋底钻探岩芯沉积物中含有的深海底栖有孔虫化石
中保存的氧同位素（顶部标尺）解析而来的。全球由暖变冷的气候恶化趋势在新生代期间已经
非常明显，还有很多剧烈的气温波动由大规模的地质事件（如地球板块的漂移）触发。在全球
日益开阔的草原环境中，犬类因奔跑能力增强而兴盛起来。

古新世和食肉目起源

新生代紧随白垩纪－第三纪界限（65 百万年前）之后。白垩纪的恐龙在一次小行星撞击造成的全球性灾难中灭绝。撞击掀起的大量扬尘、燃烧后的炭粒渐渐沉降之后，以古新世（65 百万－55 百万年前）温暖期为标志的新生代开始了。在这一时期，生活在巨型恐龙阴影下的哺乳动物最终成为占据优势的陆生脊椎动物。早期哺乳动物发生爆发性的适应辐射，迅速填补了恐龙消失后空出来的生态空间。相比老鼠大小的中生代（248 百万－65 百万年前）祖先，古新世的很多哺乳动物在不到一百万年的时间里身体迅速增大。其中包括一些现代类群的最早期成员。食肉目也是在这时出现，在早古新世的古灵猫科中可以找到它的最早期成员（化石记录显示食肉类在 75 百万年前的晚中生代就可能出现于北美，见第 2 章 "白垩兽"）。然而，原始的古灵猫提早具有了齿列缩减的特征，因此可能和后来的犬类没有太近的亲缘关系。在晚古新世（56 百万年前），犬类的祖先类群细齿兽科也开始出现。

始新世炎热期

自古新世起，气候就已经温暖潮湿。一次气温迅速升至顶点的变暖事件标志着始新世的开端（约 55 万年前），当时的全球平均温度比今天高 14℃。这一极度变暖的事件成为古－始新世极热事件，更通俗地说，叫作始新世炎热期。在这

Dugs: Their Fossil Relatives and Evolutionary History　　　　　　犬类和它们的化石近亲

种变暖的状况下，始新世可能是新生代中全球气候最为稳定的一段时期。温度梯度——赤道地区与两极的温度差异——只有今天的一半左右，造成了一种均一的气候，季节不明显。气候温暖得连南北两极地区都可以为细齿兽等生物群的发展和繁衍提供支持。

伴随着高含量的温室气体二氧化碳（CO_2）和甲烷（CH_4），始新世期间温暖潮湿的气候非常适合世界大部分地区的森林茂密生长。在始新世炎热期，热带雨林的范围已经扩张到美国怀俄明州北部的纬度上，在比格霍恩盆地（Bighorn Basin）的植物化石中留下了记录。茂盛的树冠覆盖了北美的大部分地区。灵长类以及其他林栖哺乳动物在这样的条件下繁荣发展，可能并不是出于巧合。始新世的食肉类同样适应树上和树下的生活。中等多样性程度的细齿兽开始探索不同的环境以寻找发展机会。它们大多只有小狐狸般大小或是更小，生活在鬣齿兽的阴影之下。鬣齿兽是一种和食肉类关系并不密切的原始捕食者，一般都比细齿兽大（郊狼至灰狼的大小），因此在捕捉更大的猎物上有更优越的条件（见第 2 章）。

经过一系列形似狐狸的小型细齿兽阶段，原始的犬类逐渐出现。在晚始新世（40 百万年前），第一种归属于基干类群的犬类原黄昏犬出现在美国得克萨斯州西南部，代表材料为一个头骨和下颌。原黄昏犬和那些原始的细齿兽没有本质上的差别，它们都生活在森林里，但原黄昏犬带有非常明确的真正的犬类的标志：一个遮盖耳区的骨质听泡和独特的牙齿特征，如缺失上第三臼齿。原黄昏犬的直系后裔黄昏犬不久之后便出现在北美大平原北部和加拿大（图 6.2）。黄昏犬的化石记录远比它的祖先原黄昏犬要丰富。如此丰富的化石记录表明这种早期犬类处于所有犬类系统发育的中心位置。在犬类演化的这一阶段，很难证明特殊的骨骼结构可能令犬类有着压倒性的优势，但带有紧凑脚趾、略微伸长的四肢，似乎表明它们对日益开阔的环境有一种预适应。然而，它们的四肢并不是趾立式的，可能更适合生活在森林地带的边缘。在紧急情况下，爬上树可以帮助它们逃脱凶猛的捕食者（图6.3）。然而，演化出奔跑能力强的足部也许是一个关键的适应特征，使犬类在后来更开阔的环境中获得成功。

图 6.2　晚始新世（沙德伦期 [Chadronian]）哺乳动物大小比较

群集黄昏犬（*Hesperocyon gregarius*）、古兔（*Palaeolagus*）、渐新马（*Mesohippus*）和细鼷鹿（*Leptomeryx*）。在晚始新世沙德伦期（35百万年前），很少有有蹄类能长得很大，但即便图中这些中小型有蹄类也不是适合黄昏犬捕捉的猎物。只有早期兔形类古兔以及啮齿类和其他小型脊椎动物才可能是这种早期犬类食谱中常见的。

图 6.3　晚始新世（沙德伦期）北美西部生态复原图

攀爬细小树枝的能力有助于 35 百万年前的早期犬类黄昏犬（*Hesperocyon*，位于右前方）躲避比它大得多的具有潜在危险的哺乳动物, 如长有剑齿的猎猫类(nimravid)原始古剑齿虎(*Hoplophoneus primeavus*，左) 或巨猪类（ entelodontid ）莫氏古猪兽（ *Archaeotherium mortoni* ）。

渐新世变冷与犬类首次多样性增长

自五千多万年前的古－始新世极热事件达到顶峰后，新生代期间一次重大气候变化在接近始－渐新世界限（约 33.7 百万年前）时开始发生。此后气候长时间呈恶化、变冷趋势，这似乎与南极大陆首次出现冰盖相关。詹姆斯·P. 肯尼特（James P. Kennett, 1977）提出板块运动是南极冰帽形成的直接原因。他提出南大洋环南极洋流的形成将南极大陆隔离出来，使其无法接触世界其他大洋的暖流。这些洋流形成的起因是南极板块和澳大利亚板块的交界处一开始在构造运动中分开，形成塔斯马尼亚海峡（Tasmanian Passage），后来南极和南美之间的裂缝进一步扩张（形成德雷克海峡 [Drake Passage]）。然而，全球气候变化的计算机模拟显示大气中二氧化碳含量的下降可能是南极冰盖形成的更重要原因（DeConto and Pollard, 2003）。无论南极冰盖的成因是什么，全球气温在不到两百万年的时间里就下降了 4℃ 到 5℃ 或更多。如此显著的气温变化造成了海洋动物群的重大转变，但陆生哺乳动物受到的影响相对较小（Berggren and Prothero, 1992）。

在早始新世的热带雨林环境之后，贯穿整个始新世的全球气温持续下降令植物群落逐渐转变为接近温带森林的结构。南极被海洋隔离所造成的始－渐新世之交的气温急剧下降导致高纬度地区的环境转变，即喜温被子植物占优势的森林类型向喜冷裸子植物（松柏类为主）占优势的森林类型转变。在北美中纬度地区，气候恶化引发了明显更干燥的气候和季节更加分明的环境。中纬度的植物群落由

Dogs: Their Fossil Relatives and Evolutionary History   犬类和它们的化石近亲

晚始新世丰饶多产的湿润森林环境向渐新世初期（34 百万年前）生物量低的干燥灌木林环境转变，并进一步转变为灌丛草原，最终于中渐新世（30 百万年前）变为大面积的开阔草原。这种转变是对降水量减少的气候趋势的响应（Leopold, Liu and Clay-poole, 1992）。

　　林地缩减使内陆地区首次出现的开阔环境，以及林地—稀树草原—草原混合环境的发展是草原脊椎动物群落（图 6.4，参见图 6.1）演化的推动力。植食哺乳动物开始发展出高冠齿以及更强的奔跑能力。从大尺度上看，犬科的演化历史就是一群擅长奔跑的食肉动物与草原群落协同演化的过程。黄昏犬是犬类中唯一从晚始新世延续下来，在早渐新世还保留着连续的化石记录的门类。然而，我们也掌握了一些有趣的化石，表明黄昏犬把握住了环境变开阔所带来的机会，多样性在早渐新世开始增长。这是犬科的首次辐射，产生出了全部三个亚科（黄昏犬亚科、豪食犬亚科和真犬亚科）的祖先类群。这些早期的祖先类群都是狐狸大小的小型犬类，但每一类的形态特征都预示着后来的演化事件。它们在渐新世初期欧瑞兰期（34 百万年前）首次出现于美国内布拉斯加、科罗拉多、南达科他和怀俄明各州的荒原上。在奥雷拉期，黄昏犬亚科出现中犬—海獭犬支系和奥氏犬类的成员，豪食犬亚科最早的成员大耳犬类也出现化石记录。一件下颌残段表明真犬亚科的原始类群纤细犬出现。

图 6.4　晚渐新世（阿里卡里期 [Arikareean]）北美西部生态复原图

左后为大型驼类怀俄明尖趾驼（*Oxydactylus wyomingensis*），左前为犬类粗齿海獭犬（*Enhydrocyon crassidens*），右中为岳齿兽类美丽细颈羊（*Leptauchenia decora*，27 百万年前）。

　　Dogs: Their Fossil Relatives and Evolutionary History　　犬类和它们的化石近亲

渐新世接下来的时期中，犬科的多样性继续增长。黄昏犬演化历史中最早的优势类群出现，如巨齿犬、好噬犬、海獭犬和副海獭犬。这些黄昏犬类演化出和现代非洲野犬类似的高度肉食性的牙齿，身体达到了小灰狼大小，开始狩猎比它们自身大的猎物。相比之下，面对来自占据优势的黄昏犬的竞争，早期的豪食犬类倾向于演化出低度肉食性的牙齿和较小的身体，发展出不太依靠捕猎的生活方式。这样的豪食犬以古犬、似熊犬等为代表（图6.5）。这个时候，真犬类还在耐心等待属于它们的时代到来。在渐新世和早中新世只有纤细犬属中貌不惊人的

图 6.5　晚渐新世（阿里卡里期）哺乳动物大小对比

从左往右分别为：犬类首领中犬（*Mesocyon coryphaeus*）、纤细古犬（*Archaeocyon leptodus*）、粗齿海獭犬（*Enhydrocyon crassidens*）和白骨贪犬（*Phlaocyon leucosteus*）；原角鹿类（protoceratid）斯氏原古鹿（*Protoceras skinneri*）；岳齿兽类（oreodont）美丽细颈羊；马类吉氏中新马（*Miohippus gidleyi*）。中新马这样的马类在渐新世（27百万年前）是犬类的潜在猎物中最大的，捕捉它们通常需要群体行动。较小的有蹄类，如原角鹿类和数量众多的细颈羊，则可以由最大的犬类单枪匹马捕获。至于较小的犬类，有蹄类猎物基本超出它们的捕食范围，它们只能捕捉鼠类和其他小型哺乳动物。以贪犬（*Phlaocyon*）为例，它的大部分食物为无脊椎动物及植物。中新马复原肩高70cm。

环境的变化与犬类演化

几个种。截至中渐新世至晚渐新世（大约 30 百万－ 28 百万年前），犬类总体多样性达到顶峰，在北美西部约有 25 个种共存（图 6.6）。食肉类中单独一个科在一个大陆上达到如此丰富的物种多样性是空前绝后的，这展示出早期犬类在北美食肉类群体中称霸的地位。这也是在其他远古猎食动物，如鬣齿兽类在世界大部分地区占据优势的情况下，食肉目的科首次达到多样性的顶峰。这表示食肉目的时代已经来临。自此，鬣齿兽类和其他远古猎食动物开始衰落，它们的地位最终被食肉目的成员所取代。

中中新世气候适宜期与犬类第二次多样性增长

在早渐新世全球温度首次直线下降的震荡之后，气温开始缓慢回升，但从渐新世的大部分时期一直到中中新世（大约 30 百万－ 15 百万年前）都基本平稳。这一时期的世界气候以现代的标准来看仍然非常温暖。这段气候呈现逐渐升温趋势的平稳期，在所谓的中中新世气候适宜期中达到顶峰。尽管南极冰在渐新世初期（34 百万年前）首次形成，但冰帽在那段时期较小，大部分分布在高海拔的南极高原上，并且流动性强（随时间变化）。截至中中新世末期（14 百万年前），另一次大幅降温事件发生了，这一次伴随着南极永久冰盖的形成。这次温度下降引起了植物群落的大规模响应。

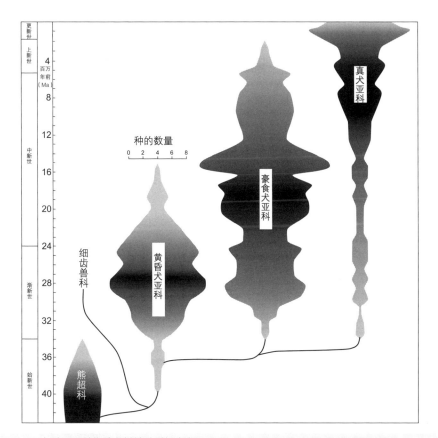

图 6.6　犬科三亚科物种多样性随时间变化图

图中各亚科阴影部分与特定时期相对的宽度对应于该亚科种的数量（见黄昏犬亚科上方标尺所

示）。尽管黄昏犬亚科和豪食犬亚科在渐新世都拥有很高的多样性，这两个亚科的成员占据着

不同的生态位。早期的豪食犬类基本都是低度肉食性的，与黄昏犬类的高度肉食性形成互补。

直到黄昏犬亚科在早中新世出现大幅衰退，豪食犬类才开始占据黄昏犬类消亡后空出来的高度

肉食性生态位。相似的补充关系也出现在后期的豪食犬类和真犬类之间。

环境的变化与犬类演化

中新世时期植物群落的直接记录相对稀少。然而现有的证据表明，在早中新世时期北美中纬度地区的森林边缘可能出现了一定规模的开阔草原。在这些大幅度的气候变化中，内陆的植食哺乳动物群落发生了相似的大规模变化。植食动物的多样性在整个早中新世至中中新世期间稳定增长，直到在中中新世气候适宜期达到空前的高峰。这种多样性增加一部分是由于演化，另一部分是由于欧亚大陆物种的迁入。北美马类独特的化石记录揭示了这次多样性高峰，这是动物在演化中适应开阔草原植被群落的极佳事例。多达16个属（包括更多种）的马类出现于中中新世。这样的多样性是一个巅峰，在那之后便持续下降（图 6.7）。尽管植物缺少相应的丰富化石记录，我们也可以合理推断出植食哺乳动物的高度多样性可能和植物群落的高度多样性相对应。

图 6.7　北美中新世（巴斯图期 [Barstovian]）哺乳动物大小对比

从左至右：豪食犬类凶暴猫齿犬（*Aelurodon ferox*），小型反刍类宝钻花麝（*Blastomeyx gemmifer*），三趾马类科罗拉多新三趾马（*Neohipparion coloradense*），反刍类斯氏头角鹿（*Cranioceras skinneri*），以及小型三趾马类隐匿伪三趾马（*Pseudhipparion retrusum*），12 百万年前。新三趾马复原肩高 110 cm。

犬类在中中新世经历了它们的第二次多样性爆发。这可能不是巧合，尽管此时犬类包含的基本上是豪食犬。（黄昏犬类已经走上灭亡的道路，而真犬类还默默无闻。）这次发展高峰中的物种多样性（20种）比晚渐新世时（25种）稍低，然而犬科在这段时期生态分布范围达到了最大。至此犬类具有了更完整的高度肉食性或低度肉食性形态特征，对应的食物范围从纯肉类到含有较高比例果类和植物的混合食物。食肉类一个科出现如此高的生态多样性，间接反映出了植物群落的丰富多样，可能也反映了来自北美食肉类其他类群的竞争相对减弱。

　　截至晚中新世（8百万－7百万年前），显然是对南极出现永久冰盖的响应，开阔草原环境占据了北美西部中纬度地区。而且，临近晚中新世末期，全球中纬度地区有一次植物群落的转变：由适应高水平大气二氧化碳的 C_3 光合作用植物转变为适应低水平大气二氧化碳的 C_4 光合作用植物。C_3 植物采用三碳光合作用模式，其中包括树木、灌木、阔叶杂草以及喜冷草木。相比之下，C_4 植物采用四碳光合作用模式，其中包括大部分能更好地适应炎热、强光照和缺水环境的草木。C_4 植物似乎在利用低水平二氧化碳上比 C_3 植物有竞争优势。因此晚中新世由 C_3 植物向 C_4 植物的转变是气候进一步恶化的另一个重要标志。

　　除了植物群落在光合作用模式上转变为利用低水平大气二氧化碳之外，截至晚中新世，很多植食哺乳动物独立演化出了高冠齿。植食动物牙齿齿冠高度取决于釉质部分的总高度，包括还埋在颌骨深处的牙齿部分；当齿冠表面因使用而被磨耗掉时，深埋部分的牙齿最终也会从颌骨里长出来。高冠颊齿的定义是齿冠高度大于咀嚼面长度。这也是一个重要的生态标志，因为齿冠高而耐磨，与韧性极强的植物纤维和粗糙植被（如干草）接触以及研磨时能减轻牙齿总体的磨蚀。草通常生长于开阔而季节分明的干燥环境中。长有低冠齿的哺乳动物通常食用柔软的树叶和低矮灌木，一般称为食叶动物。相比之下，长有高冠齿的哺乳动物可以应付更硬、更干的草，草更贴近地面，因此表面沾有更多的细砂，会导致牙齿磨蚀得更快。这些吃草的动物被称为食草动物（grazers）。晚中新世的食草动物面临着大量进食劣质植被（干草）以弥补食物低营养的状况。大量的砂石（被风吹来的沙子沾在草上），还有很多草含有的植硅体（phytoliths，草叶表面含有微小的二氧化硅颗粒，是一种自我保护机制），加剧了牙齿的磨蚀。这些因素综合起来便是高冠齿演化的有力诱因。

随着环境变得开阔，食草动物奔跑能力的增强变得更加重要（图6.8）。一只奔跑能力强的食草动物更容易逃离捕食者。它还有另外一个优势，它的长腿能覆盖更大的区域，使它能吃到最优质的草料。马类演化的经典历程又可以作为极佳的范例。北美的马演化出在更开阔的环境中跑得更快、行走距离更远的能力。最普遍的方式是令四肢变得更长、更轻巧，尤其是四肢的远端部分（那些靠近手脚而远离上臂和大腿的部分）。这一过程在马的身上得到完美展现。它的前后脚趾骨变长，侧趾消失，直到最终变为以单个脚趾站立的终极蹄立式仁姿，看上去就像现代马的样子（中新世的马没有达到这个阶段，并且通常有三个脚趾）。

面对晚中新世期间植食哺乳动物快速演化的背景，犬类必须做出转变来跟上

 犬类和它们的化石近亲

猎物的变化。尽管犬类可能不太在意它们的猎物吃什么，但它们必须适应食草动物奔跑能力增强的状况。结果是捕食者与猎物发生了协同演化。这在主动捕猎的大型猎食动物，如猫齿犬、近犬以及豪食犬类的近亲门类中特别明显（图6.9）。晚中新世的犬类演化还以豪食犬类在多样性和生态型上的衰退为标志。来自新迁入类群（如剑齿虎）的激烈竞争导致豪食犬类演化出碎骨的适应特征。碎骨也是更加开阔的环境所引发的生态循环策略（scavenging strategy）。开阔环境使尸体更容易被发现，因此动物残骸的利用率也更高。

图 6.8　晚中新世（克拉里登期 [Clarendonian]）佛罗里达生态复原图

从左至右：犬类海氏近犬（*Epicyon haydeni*），犀类窝孔远角犀（*Teleoceras fossiger*），巴博剑齿虎类洛氏巴博剑齿虎（*Barbourofelis loveorum*），三趾马类纤细新三趾马（*Neohipparion leptode*），驼类大高骆驼（*Aepycamelus major*）以及原鹿类三角奇角鹿（*Synthetoceras tricornatus*），约 9 百万年前。

图 6.9　晚中新世（克拉里登期）北美哺乳动物大小对比

从左至右：豪食犬类海氏近犬（*Epicyon haydeni*），驼类高骆驼（*Aepycamelus*），反刍类三角奇角鹿（*Synthetoceras tricornatus*）以及三趾马类新三趾马（*Neohipparion*），约 9 百万年前。如以上对比所示，近犬的身体大到足以单独捕猎中等大小的有蹄类，尽管对新三趾马大小以及更大的猎物需要集体行动。高骆驼全高 3m。

　　晚中新世北美开阔草原的扩张似乎也开创了真犬类早期多样性增长和扩散的局面。自真犬亚科于渐新世初期（约 33 百万年前）起源以来，大部分时间这个亚科的繁衍路线主要由纤细犬属的几个种维持着，与同时期更加凶猛的黄昏犬类和豪食犬类无法相提并论。纤细犬属与另两个亚科相区别的一个特征是四肢细长，缺失了大脚趾。当环境变得开阔之后，这些特征成为重要的优势。截至晚中新世，现代狐狸（狐族）的早期祖先和现代真犬（犬族）的祖先始犬属已经出现。另外，其他犬类不再与真犬等狐形动物争夺生态位，这在真犬漫长而又不起眼的早期演化历史中是第一次——豪食犬类已经变得空前高大和高度肉食性，不再成为食性更广泛的中小型捕食者的竞争者了。

真犬亚科的时代终于来临了。真犬演化历史中最重要的事件之一是走出北美。在犬科生存的四分之三的时间里，北美都是它演化的摇篮。而犬科三个亚科中的前两个（黄昏犬亚科和豪食犬亚科）没有能走出这里（除了中中新世仅有的一次例外，见第 3 章）。始犬的一个种在晚中新世率先来到欧亚大陆，最终开创了真犬类在全世界繁荣发展的局面（第 7 章）。

上新世剧变与世界范围的犬类大扩张

在上新世（5 百万－1.8 百万年前）的大部分时间里，全球气候持续恶化，气温急剧下降。截至晚上新世（约 3 百万年前），北极冰盖开始发展。这一段时间，冰盖的发育再一次与其他重大构造事件同步进行。巴拿马地峡的形成，阻挡了大西洋和太平洋洋流的直接循环，尽管全球气候因素可能也是北极冰盖形成的重要原因。

C_4 草原的扩张是植物群落变化的主要表现，在全世界的中纬度地区尤为明显。这一趋势自晚中新世（6 百万年前）开始后一直延续下来。上新世时期更干燥、更寒冷、季节性更强的气候造就了开阔程度不断增强的环境。植食哺乳动物颊齿齿冠得以不断增高，适应于处理更粗硬、季节性更强的草。它们四肢的奔跑能力也变得更强，延续了早先发展趋势，即四肢的远端部分变长，趾头数量减少。截至上新世，恐马—真马支系出现。它们趾头数量的减少达到了极致——仅保留中趾，两旁的第二趾和第四趾相比之前的尺寸已经退缩为残迹。单趾马类将其拥有三个趾头的原始类型彻底淘汰，在很短时间内成为北美马类中的优势类群。截至晚上新世至早更新世，真马与驼类一同迁入欧亚大陆和南美。驼类和犬类一样，在其生存年代的大部分时间都没有离开过北美。

豪食犬类在上新世期间衰退，只剩下豪食犬属的一两个种。豪食犬属是一类高度特化的碎骨型犬类，能食用骨头，从而更充分地利用猎物。更加开阔的环境可能也有助于发现其他食肉类吃剩的尸骸。但是事实上由于豪食犬属的骨骼特征不适应高速奔跑，它们越来越难捕捉到奔跑能力不断增强的植食动物。多样性低、高度特化（如碎骨的特征）以及巨大的身体往往是步入灭亡的食肉类动物类群的标志。壮大的豪食犬亚科确实在最晚上新世（2百万年前）走向灭绝，该属最后的种异齿豪食犬在那以后便从化石记录中消失。

然而，真犬亚科和新兴的有快速奔跑能力的植食动物群体一同繁盛起来。正如前文所强调的，真犬类刚刚出现便具有了较为细长的四肢，在它们对付越来越快速、灵活的猎物时，这些特征给了它们显著的优势。

从更宽广的视角来看，上新世是犬科扩散的关键时期。有史以来活动能力最强的各种犬科动物演化出来，在大陆之间往来自如。开阔草原成为更加有利的因素，为犬类迁移创造了最适宜的条件，使它们的分布范围空前扩大。早上新世期间，犬类最终在旧大陆站稳脚跟。亚洲、欧洲和非洲的犬类化石记录表明它们几乎同时出现在这些地区。它们在这些大陆首次出现的时间最多只相差一百万到两百万年。在亚洲，犬类于早上新世（约 5 百万年前）抵达榆社盆地。西皮奥"犬"于最晚中新世（7 百万年前）出现在西班牙，表明犬类在欧洲出现的记录可能比在亚洲略早（Crusafont-Pairó, 1950）。犬类最早出现在非洲的记录是发现于乍得西北部朱拉卜沙漠（Djurab Desert，7 百万年前）的一种小型狐狸里氏狐（*Vulpes riffautae*）化石（de Bonis et al., 2007）。在犬类抵达这些大陆之后，它们的多样性在新的居住地迅速增长。这是犬类多样性的第三次也是最近一次高峰，从更新世一直延续至今（第 7 章）。

犬类大扩张也让旧大陆的鬣狗和新大陆的犬类相接触。这两个科可能生态上最为接近（第 5 章）。然而，截至上新世，两个科的竞争状况发生显著改变，它们的成员之间不再具有直接竞争。新迁入的狐狸和胡狼形犬类比大多数的鬣狗都小得多，而鬣狗至此仍是大型、碎骨型的高度肉食性动物。留在新大陆的北美犬类也偶尔有机会与高度进步的鬣狗豹鬣狗相遇，后者是进入新大陆的唯一一种鬣狗（图 6.10）。豹鬣狗可能与豪食犬类最后的种异齿豪食犬存在竞争；但前者有活动性更强的四肢，更善于奔跑，后者更善于碎骨。从化石记录判断，豪食犬的数量远多于豹鬣狗，因此在食肉类群体中占据更大的比例。

图 6.10　豹鬣狗（*Chasmaporthetes*）

上新世鬣狗类豹鬣狗。复原肩高 80cm。

截至约 3 百万年前的上新世，巴拿马地峡形成，将北美和南美大陆连接起来。这两个大陆自中生代末期（65 百万年前）以来已经彼此隔绝了千百万年。这次连接造成了美洲生物大迁徙。在这次迁徙中，每一块大陆上都有许多陆生哺乳动物得以跨过陆桥，成为相邻大陆上动物群的一部分。食肉类大量迁入南美，基本上淘汰了当地的猎食动物（如有袋类的袋鬣狗）并迅速在猎食者群体中确立了优势成员的地位。

犬类当然是这段成功历程的参与者。起初，上新世时期的中美和北美南部只有真犬类的几个支系，它们刚刚到达南美便经历了一次爆发式的适应辐射。今天，南美大陆上的犬类多样性比其他任何一个大陆上都要高。南美犬类有 11 个种，几乎占据了现生犬类全部种类的三分之一。在南美食肉类各科中，犬科是最多样的捕食动物群体（见附录）。

更新世冰河时期与现代犬类的兴起

新生代的最后一个世为更新世（1.8 百万－0.01 百万年前）。这个时期以大陆冰盖扩张并多次向中纬度地区扩展为标志，通常称为冰河时期。气温降至新生代以来的最低水平。在冰川发育的最顶峰时期，陆地冰盖可厚达 3000 米，在北美向南最远发育至内布拉斯加、伊利诺伊和堪萨斯各州，在欧洲可覆盖斯堪的纳维亚半岛全境和大部分北欧，约占全球面积的三分之一。这时气候从温暖湿润变为寒冷干燥，在间冰期则反之。这种冰期与间冰期的周期性转换大约每 10 万年完成一个循环，因此整个第四纪冰期共有十来个周期。植物群落在很短的时间里经历明显的往复式的变化。在盛冰期，动植物群落的分布不得不向赤道方向退缩。而在间冰期，它们又向高纬度地区扩张，收复之前的失地。

为了应对盛冰期极端寒冷的气候，很多大型哺乳动物，尤其是植食动物，发展出了巨大的身体。这符合生物的普遍规律，即寒冷气候中动物的身体倾向于增大，有助于保存热量，储存大量的脂肪应对寒冷天气。结果，更新世大动物群在北方大陆（北美和欧亚大陆）出现。巨大的猛犸象、野牛、大角鹿和披毛犀在欧亚大陆上漫步，猛犸象、乳齿象、大地懒、大型剑齿虎和恐狼在北美稳居优势地位。大动物群的大部分成员，尤其是北美的成员，在更新世末期灭绝。有趣的是，灰狼是少数例外之一，而且至今仍是世界上最成功的大型犬类之一。一些人称家犬是高度特化、适应与人类共生的犬类。如果这样算的话，那么犬属就获得了最大的成功，占据了全世界几乎每一个角落。

自新生代以来犬类就生活在最恶劣的气候中。更新世犬类可能不大受气候条件的影响，这从现代北极狼和北极狐的生存状态就可以判断出来。它们和北极熊生活在一起，是北极地区最能忍受极端环境的食肉类。实际上，狼的大部分演化历程似乎都发生在高纬度地区甚至是北极圈内。更新世时期犬类在全世界分布广泛，生存环境丰富多样，因此很难确定犬类随着环境及植食动物群落的变化而演化的一般模式。这种相关演化在晚中新世表现得更加明显。通常来说，大型真犬类，如犬属及亲缘关系相近的豺和非洲野犬，有向更大型、肉食性程度更高的方向转变的倾向。这一趋势可能受到了周期性的气候变冷的推动，但也可能只是因为是它们自身要变得更大，以突破某个临界值。这样的情况同样发生在更早的黄昏犬类和豪食犬类中，这两个类群是没有经历过气候骤然变冷的（第5章）。

在欧洲，更新世起始的标志是所谓的狼事件，即在接近上-更新世界限时（1.8百万年前）狼形犬属动物的出现。从那时起，犬属在欧洲持续出现，与狐狸和浣熊类的多个种同时存在。早期人类直立人和智人必定都与这些犬类有过近距离的接触，因为人类集体狩猎的生活方式与犬类大体相似。因此冰河时期的人类与一些大型的犬属动物可能存在竞争。截至最晚更新世，这种近距离的接触造成了犬类首次被驯化。这可能发生在中东、欧洲或者是中国（第8章）。

在北美和南美，作为大动物群中的顶级猎食者，犬类扮演着重要的角色。最为人熟知的例子是恐狼，它在当时的体重可达到 68 千克，从古至今都没有任何其他真犬类能够超越（犬类中唯一比恐狼大的是豪食犬中猫齿犬属和近犬属中一些进步的种）。恐狼在最末次冰期冰盖以南的北美和墨西哥大部分地区广泛分布。恐狼还分布在南美安第斯山脉地区。在加利福尼亚州南部的兰乔-拉布雷阿化石地点，恐狼和剑齿虎（刃齿虎属）一同出现，相比其他的食肉类，它们的数量非常多。布莱尔·范瓦尔肯堡和弗里茨·赫特尔（Blaire Van Valkenburgh and Fritz Hertel, 1993）关于拉布雷阿恐狼犬齿破损情况的研究表明，到晚更新世末期，恐狼用牙齿啃骨头（从而损坏自己的牙齿）的情况总体上比现生灰狼要多。它们可能与其他大型猎食动物，如剑齿虎和美洲狮子为争夺有限的资源而发生激烈竞争。恐狼和大动物群的一些其他成员同时于更新世末期灭绝。

大陆冰盖的周期性扩张和缩减造成海平面相应地明显降低或升高。在盛冰期，大量海水冻结在冰盖之中，海平面下降幅度可达 120 米。这种海平面下降的直接结果是陆地和周边的岛屿连接。之后海平面回升至较高时岛屿又被重新隔离。陆地与岛屿的这种反复连接和隔绝为陆地动物入侵岛屿创造了机会，而接下来又切断了它们与陆地亲属的联系。孤立于岛屿往往是成种的一个直接诱因。这个过程一般通过适应岛屿的生活环境以及与陆地种群断绝基因交流的方式来完成。犬类中以这样的方式成种的例子有两个：加利福尼亚州以南海域海峡群岛（Channel Islands）上的现生岛屿灰狐，以及意大利以西海域的撒丁岛上已灭绝的更新世撒丁豺（图 6.11）。前者是大陆灰狐的姐妹种，后者可能起源自一种高度肉食性的狼形动物异豺属（Lyras et al., 2006）。最后说一下福岛狐，这是一种因人类狩猎而于 19 世纪灭绝的动物。它可能是马尔维纳斯群岛与南美大陆连接之后又隔离开来所致的成种作用的产物。尽管很难想象相距很远的马尔维纳斯群岛和阿根廷能形成这样的连接，但也有一些关于狐狸乘坐水上漂浮物到达岛屿的推测。

图 6.11　撒丁豺（*Cynotherium sardous*）

晚更新世（约 15 000 年前）撒丁岛的灭绝犬类撒丁豺生前复原图。肩高 44cm。

最终，现代的全新世（过去的 10 000 年）以温度回升和两极冰帽退缩为标志。这些变化造就了我们今天所生活的环境。随着时间的推移，生活在多个大陆上的更新世犬类，尤其是晚更新世犬类，与它们的现生近亲越来越相似。可能现生真犬类所有的种都是在晚更新世演化而来。食肉动物即便不是全部，至少也有大部分符合这一情况。

　　在图 6.6 中，我们描绘了犬类多样性随时间的变化，以此来比较三个亚科的演化历史。图中显示出，这些类群自从新生代早期（约 40 百万年前）在北美起源后，呈现出接力赛般的发展状态。每一个亚科在前一个支系灭绝后都会表现出多样性的增长。真犬亚科的多样性直到中新世末期才出现增长，直到上新世它的多样性才达到最大高度。有趣的是，真犬类首次从中等肉食性的低度特化适应状态分异，是向着低度肉食性的方向，即杂食性增强。这种适应特征仍体现在新大陆的灰狐（化石支系后狐的姐妹群）、东亚的貉以及南美的食蟹狐身上，它们和北美的上新世类群有亲缘关系。豪食犬亚科在其代表成员体形小的时期也存在类似的适应演化历程。已有类群和新出现的类群之间存在潜在的竞争，直到旧类群的灭绝减少了竞争对手，新类群的多样性才得以显著增加。图 6.6 表明豪食犬亚科的衰落在过去的 400 多万年里推动了真犬亚科的强烈分异。黄昏犬的演化历史显示出了类似的关系，它的起伏影响了豪食犬亚科的演化历程。

　　犬科演化中另一个特征是高度肉食性的适应特征几乎只出现在每个亚科演化历史后期，而且这样的适应特征似乎主要与猎食者和猎物双方身体的增大有关。当然，这种普遍状态在豪食犬亚科和真犬亚科中体现得最为明显。黄昏犬是原始的高度肉食性动物，仅在其最后的奥氏犬属中才发展出臼齿化的下裂齿。这可能

帮助整个类群的存在时间延长至中中新世（16 百万年前），即更大型的豪食犬类

（如切割犬属）出现之前。

7

走遍世界

作为非常适合长距离迁徙的猎食动物，现生犬科是食肉目中唯一真正在世界范围内（南极大陆除外）都有分布的科。如此广阔的分布很大部分取决于它们扩张领地范围以及跨大陆和跨生境的长距离扩散能力。犬类的动物地理学为全世界各个种之间的复杂关系提供了线索。研究化石记录中所体现的祖裔（系统发育）关系和大陆结构重组（板块构造运动），使我们可以得出一些关于犬类演化历史中多次扩散事件延续的时间、方向以及性质的结论。

早期北美的本地物种

犬类有四分之三以上的演化历史发生在北美。这片大陆是犬科的起源地。除了黄昏犬类中的一个支系以外，三个亚科中的黄昏犬和豪食犬两个亚科从来没有离开它们的故乡大陆。犬类从演化历史的最初期便似乎有很多机会跨越东西伯利亚和阿拉斯加之间的史前陆桥白令陆桥，扩张至旧大陆。自晚始新世（40百万年前）

起，许多食肉类就已经跨过了白令陆桥，包括鼬科、浣熊科、熊科、猫科和猎猫科（一种原始的剑齿"虎"，但与猫科没有近亲关系）的成员。很多类群来回跨越了不止一次。

尽管欧亚与北美大陆之间时有动物往来，北美哺乳动物群体在故乡大陆很大程度上保持着自身独特的面貌。白令陆桥和巴拿马地峡这样的陆桥趋向于间断性地出现。白令陆桥受制于极地冰盖形成后导致的全球海平面变化，而巴拿马地峡则受附近小板块的区域性构造重组的控制。像白令陆桥和巴拿马地峡这样位于高纬度或临近赤道的陆桥起到了强大的过滤作用，因为陆桥及其周围独特的环境令少量物种得以通过陆桥，而将更多无法适应过冷或过热气候的物种阻挡在外。这就是为什么北美动物群始终保持着独特的面貌，尽管北美偶尔会与欧亚大陆或南美相连接。仅分布于特定地区或大陆的生物称为本地物种。北美几个大的哺乳动物类群要么全部，要么大部分是起源于北美大陆的本地物种，包括岳齿兽类（灭绝的偶蹄类）、驼类（骆驼、美洲驼及其灭绝的近亲）和马类。食肉类中，黄昏犬类和豪食犬类是北美本地猎食动物中的最佳范例，中新生代至晚新生代的千百万年里（30 百万－7 百万年前）它们在北美动物的捕食关系中扮演着关键性的角色（图 7.1）。

在中新生代的大部分时间里无论植食动物还是肉食动物都出现大量的本地物种，这种现象似乎并不意外，而是一种规律。本地物种的分布模式可能反映了隔离机制（如北美与欧亚大陆、北美与南美之间海域形成的屏障）或陆地连通处产生的过滤作用的影响。大陆间连通处可产生一种环境瓶颈，防止物种随意通过。

促使我们设想出这种本地物种现象的另一个因素可能和化石记录本身有关。世界上大部分已知的陆地化石记录都集中在北方各大陆（欧亚大陆和北美）中纬度地区的干燥或沙漠地带。化石集中发现在中纬度部分可能是由于社会经济因素，例如北方大陆中纬度地区的发达国家相比其他国家对化石记录有着更加深入的研究。但化石记录集中于中纬度地区，也可能是化石的实际保存情况所致。

新生代陆生哺乳动物化石普遍保存在河流、湖泊和洪积平原的沉积中。热带雨林环境很难保存化石（湿热环境促进骨头快速分解），即便保存下来，包含化石的沉积地层也经常因有茂密的植被覆盖而无法暴露出来。相比之下，在高纬度地区，冰河时期（更新世 [1.8 百万−0.01 百万年前]）的大陆冰盖将地表很多含有晚新生代沉积的相对较软的地层剥蚀掉了。结果就是我们对高纬度和低纬度地区的化石知之甚少，只看到中纬度地区的化石（见图 2.14），由此形成偏见。因此我们对高纬度地区的动物群几乎一无所知，而高纬度动物群在跨越欧亚大陆和北美的迁徙事件中恰恰有着最关键的意义。

然而，古生物学家有时会因动物迁徙事件的稀少而困惑。直到最近，黄昏犬类仅发现于北美，这对古生物学家来说是个难题。黄昏犬为什么没有来到欧亚大陆？它们不会像现生的狼和狐狸那样适应在广大的地区奔走吗？它们被限制在了北美中纬度地区，无法跨越位于高纬度极地地区的白令陆桥吗？ 2005 年夏天，由王晓鸣带队的一支中国古生物考察队在中国北部的内蒙古中中新世岩层（通古

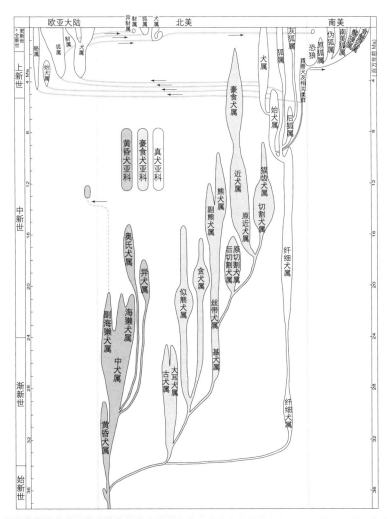

图 7.1　犬类各属系统发育关系和大陆间迁徙

图中只选取了一部分属列出，各个亚科（黄昏犬亚科、豪食犬亚科和真犬亚科）实际上的多样

性程度要比图中稍高。图中代表每个支系的图形宽度与该支系多样性随时间的变化大致对应。

如需多样性随时间变化的更真实状况，见图6.6。箭头指示迁徙方向。

尔组，约 13 百万－12 百万年前）中意外发现了一只中等大小的黄昏犬的部分头骨，使以上问题的线索浮出水面。这是在北美以外的地区发现的最早的犬类化石。尽管亚洲有这样一类黄昏犬，但说黄昏犬对旧大陆的捕食群体没有显著影响也不为过。

豪食犬类的扩散记录就更惨淡了。已知的豪食犬类化石记录出现的范围北至美国北部，南至洪都拉斯和萨尔瓦多。尽管豪食犬在多样性程度和数量上都很成功，但它们似乎从来没有走出过北美。在中中新世至晚中新世（18 百万－10 百万年前），高度肉食性的大型豪食犬类的出现似乎是紧随马类的多样性高峰。因此有理由相信马类可能构成了豪食犬的主要猎物来源。那么豪食犬为什么没有随着安琪马和三趾马来到旧大陆呢？如果说安琪马扩散到欧亚大陆是个相对偶然而不那么重要的事件，那么三趾马于晚中新世（约 12 百万－11 百万年前）向欧亚大陆的扩散代表了哺乳动物地理分布史上的一次重大事件。三趾马抵达欧亚大陆之后多样性便迅速增加，并扩散至整个旧大陆，成为所到之处的动物群中的关键性成员。它们在晚新生代（11 百万－5 百万年前）大举扩张，对有蹄类动物群体的影响必然是很大的。

尽管化石证据的缺失令我们无法探寻豪食犬类没能向外扩散的原因，但我们可以从竞争关系的视角来探索可能发生的事件。犬类和鬣狗彼此独立演化出很多相似的特征。这两个科的成员捕食行为趋同，因此竞争性的排挤或许在一定程度上能解释为什么犬类和鬣狗在演化历程的大部分时期都没有走出起源地。

纵观犬类和鬣狗的演化历史，它们有无数次机会扩散到它们生存的大陆以外——很多其他食肉类，包括猫科，都曾多次迁徙——而且犬类和鬣狗有高度发达的奔跑能力，能轻而易举地迁移很长的距离，跨越大陆再便利不过。然而犬类和鬣狗却都没有在对方的"地盘"上留下明显的足迹。只有一类鬣狗——豹鬣狗于上新世（4百万年前）到达了北美，但它一直没能成为新大陆食肉动物群中的重要成员（见图6.10）。豹鬣狗可能是豪食犬属的直接竞争对手，而后者虽即将踏上灭绝之路，还是足以让豹鬣狗在北美的地盘缩减到最小。可以想象一些豪食犬类曾到达过旧大陆，但它们遭遇鬣狗的强势竞争并很快消亡了。

另一种可能性是白令陆桥及周边的环境对物种能否通过陆桥起到很强的过滤作用。例如，茂密的森林环境可能有利于喜林地的食肉动物。事实上，很多于晚中新世成功迁徙至北美的中大型食肉类都属于猫科和熊科。这两个科偏好在树林的遮蔽下生活（不过，来到北美的早期犬熊有着较长的趾立式的四肢，可能更适于在开阔环境奔跑）。最近在田纳西州东部发现了晚中新世至早上新世（6百万—4百万年前）的小熊猫和獾（旧大陆獾）。那里是美国东部落叶林的一部分，表明沿白令陆桥的大部分地区可能都有丛林走廊出现。如果是这样，白令陆桥可能起到环境瓶颈的作用，限制了适应开阔陆地的豪食犬类的扩散。不幸的是，我们极少在西伯利亚北部和阿拉斯加发现晚新生代化石记录。这一地区在过去必然发生过动物群的交流。因此在这样的信息缺失能够弥补之前，历史所呈现的矛盾将永远是个谜。

真犬亚科的扩散

真犬亚科像它的祖先一样，在其演化历程中超过三分之二的时期里都没有走出过北美。最早的纤细犬属一直生活在黄昏犬和豪食犬的阴影之下。真犬类直到晚中新世（7 百万年前）才终于做出了一次突破，在很短的一段时间里相继出现在欧洲、非洲和亚洲。真犬亚科最明显的特点之一是其移动能力处于更进步的水平。例如，相比原始的纤细犬属，早期的狐属有更长的腿，蹠骨上带着退化的第一趾，肱骨远端没有髁上窝——这些特征通常与增加步幅以及减少四肢重量相关（第 4 章）。这些奔跑能力上的发展比黄昏犬和豪食犬更加先进。然而，单凭这些特征是否可以令真犬类突破地理上的阻隔或者环境因素（即开阔的生境，见第 6 章），并促成真犬类最终的扩散（图 7.2，参见图 7.1），还并不清楚。无论真犬类能够迁徙至旧大陆的原因是什么，旧大陆的捕食动物群落在它们到来之后都变得大不相同。

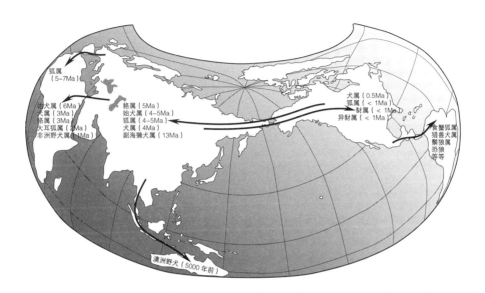

图 7.2 犬类的大陆间迁徙

作为食肉类中移动能力最强的类群之一，犬类广布于世界各地，这是在各大陆之间多次迁徙的结果。这里列出的抵达各大陆的犬类门类并不完全，只是到达各个大陆的所有犬类中的一部分。每个类群后面的数字是抵达的大致时间，单位为百万年前（Ma）。

旧大陆始犬属及其他早期真犬类

最早到达旧大陆的真犬类是一类郊狼大小的动物，叫作西皮奥"犬"（Crusafont-Pairó，1950）。我们对这个种的全部认知来自西班牙中部特鲁埃尔盆地的吐洛里期（约 8 百万－7 百万年前的晚中新世）沉积中一件带有 P3 至 M2 的上颌残段和一枚孤立的下裂齿（m1）。相对原始的牙齿形态表明这个种属于始犬属或非常原始的犬属。然而，由于缺乏更完整的材料，我们无法断定其在系统发育中的确切位置。

洛伦佐·鲁克（Lorenzo Rook, 1992）报道了发现于意大利布里西盖拉一座村庄附近的蒙蒂西诺石膏矿以及西班牙本塔—德尔莫罗始犬属的新种蒙蒂西诺始犬。这些始犬属材料在年代上也属于晚中新世（约7百万—5百万年前），但可能比西皮奥"犬"稍晚一些。

之前人们一直认为，非洲的真犬类化石记录相对稀少，表明真犬类很晚才到达这片大陆。然而，最新的发现（与人类活动遗迹的大规模发现有关）将真犬类在非洲的记录推至更早，和欧洲的记录相当。乔治·莫拉莱斯、马丁·皮克福德和多洛雷斯·索里亚（Jorge Morales, Martin Pickford and Dolores Soria, 2005）描述了发现于肯尼亚西部大裂谷畔巴林戈区图根山脚下卢凯伊诺组（Lukeino Formation，6.1百万—5.7百万年前）的始犬属新种无畏始犬。这个种与欧洲晚中新世和亚洲（中国）早上新世的早期始犬形态相近（但新种更小）。

非洲另一个新发现和最早期人类乍得萨赫勒人（*Sahelanthropus tchadensis*）遗址有关。路易斯·德博尼斯及合作者（Louis de Bonis, 2007）报道了发现于西非乍得恩贾梅纳西北部朱拉卜沙漠的狐属新种里氏狐。这个狐狸新种与一些晚中新世（约7百万年前）的化石相关。如果年代估计准确，那么里氏狐将是非洲，乃至整个旧大陆最早出现的狐类。乍得的狐狸很小，比现今全世界最小的狐狸耳廓狐大不了多少。

从这些材料来看,在晚中新世的欧洲和非洲,真犬类发展至始犬属-犬属阶段,一种小型狐狸也已经出现。然而,尽管真犬类必须通过亚洲的广大地域到达欧洲和非洲,但亚洲犬类的化石记录却稍晚,年代为早上新世或更晚(晚于5百万年前)。真犬类到达亚洲的时间延迟,也许就是亚洲的化石记录相对缺乏的原因。然而,另一种可能性是,最早跨越白令陆桥的真犬类生活在高纬度地区,它们绕过亚洲的中纬度地区直接奔向欧洲,而我们目前依据的正好是亚洲中纬度地区的记录。

无论真实情况如何,真犬类确切的化石记录出现在华北地区,特别是山西省中部榆社盆地的早上新世沉积中。在榆社盆地,貉属的丁氏貉出现于将近5百万年前,年代稍晚的始犬属周氏始犬和戴氏始犬紧随其后。始犬属在旧大陆的出现最早是由理查德·特德福德和邱占祥(1996)记述的。从那时起,越来越多的证据表明这个过渡型的属在其起源大陆北美以外的地区获得了一定的成功。该属若干个种的化石记录目前发现于亚洲、欧洲和非洲,这些种通常被认为是旧大陆最早的真犬类。

貉

貉是早期迁移至旧大陆的重要动物。在榆社盆地,原始的种类丁氏貉出现在最晚中新世至中上新世(5.5百万-3百万年前)的化石记录中。与此同时,欧洲种唐氏貉生活在现今法国的佩皮尼昂。这些原始的貉类是郊狼大小的动物,比它们的现生欧洲亲属要大很多。更加进步的种中,中国的中华貉与欧洲的巨乳突貂很快出现于欧亚大陆，并最终演化出了东亚现代貂。截至早上新世（3.8百万－3.5百万年前），貂属已经到达非洲，但非洲的貂并没有存活至更新世（1百万年前，图7.3）。现代貂是欧亚大陆中华貂－巨乳突貂支系的后裔，由于身体变小、牙齿体现出更弱的肉食性特征而得以存活至今。东亚的现生貂于20世纪引入欧洲北部。

图7.3 特氏貂（*Nyctereutes terblanchei*）

特氏貂的头骨及头部复原图。下颌根据产自克罗姆德拉伊－A（Kromdraai-A，1.6百万年前）的化石复原，头骨根据该属的其他种复原。尽管现代貂原产亚洲，由人工引入欧洲，但上新世及更新世（5百万－1百万年前）的貂属分布远至非洲南部。下颌长度14cm。

Dogs: Their Fossil Relatives and Evolutionary History　　犬类和它们的化石近亲

尽管貉属在旧大陆的演化历史可以通过重要的化石记录来追溯，但它到底起源于北美的哪个类群，这个问题仍然遥不可及。貉属在形态特征上类似南美的食蟹狐，因此我们（Tedford et al., 1995）曾假设二者有相对较近的亲缘关系。从各个特征来看，二者在一定程度上都有低度肉食性的牙齿特征和增大的角突（下颌上供翼状肌附着的小型骨质突起）。根据这个假设，貉属可能起源于其与北美的食蟹狐属－貉属支系的共同祖先。来自得克萨斯州和新墨西哥州的早上新世（5百万年前）食蟹狐化石记录表明，旧大陆貉属可能起源于北美一个与食蟹狐亲缘关系相近的类群。然而，罗伯特·K. 韦恩及其同事（Robert K. Wayne, 1997）在分子生物学研究中将貉置于现生真犬类的基干位置。这一假说表明貉或者处在比狐类更加基干的位置，或者处于狐类支系之内（Lindblad-Toh et al., 2005）。最近的研究结合了形态与分子的证据（Zrzavý et al., 2018），也还是把貉放在基干部位。看来这个问题可能还要持续争论一些时间才有定论。

大耳狐

　　非洲现生大耳狐是一种独特的真犬类。它的明显特征是下齿列后部多一枚臼齿，这是由于它以食虫为生。根据我们的形态学分析（Tedford, Taylor and Wang, 1995），大耳狐貌似与从未离开过故乡大陆的北美灰狐有相对较近的亲缘关系。大耳狐支系的过渡型成员原始狐属于晚上新世（3百万年前）之前到达旧大陆，尽管在非洲的化石记录可能稍早（4百万－3百万年前）。现生大耳狐被认为起源于非洲的原始狐属。

狐狸

　　最早、最原始的狐狸（狐族）是晚中新世（约9百万－5百万年前）生活在加利福尼亚州的小型种克恩狐和广布于北美的大型种窄吻狐。尽管小型的里氏狐早在7百万年前就已经抵达非洲西部，但欧亚大陆的狐狸出现得稍晚。早上新世（4百万年前）中国的白海狐与土耳其恰尔塔上新世的恰尔塔狐分别是亚洲和欧洲最早的狐狸。狐属的若干个种后来在上新世－更新世之交出现于欧亚大陆和非洲。狐属有多达12个种存活至今（包括北极狐，该种有时被单独列为一属，即北极狐属），广布于非洲、欧亚大陆和北美，成为真犬类中多样性程度最高的现生属。

　　狐属是若干个返回起源地北美的犬类类群之一。在北美晚中新世（6百万年前）狐属的两个原始种克恩狐和窄吻狐之后，化石记录表明上新世时期（5百万－1.8百万年前）狐狸变得非常稀少。该属直到中更新世（1百万年前）才在北美再度出现。在那之前，狐属多样性增长的主要地区便移至欧亚大陆。截至最晚更新世，赤狐和北极狐已扩张至北美。然而现生北美的敏狐和草原狐可能是起源于北美的本土物种。

犬属类群

第一批迁移至旧大陆的犬类——狐属、始犬属和貉属——尽管在晚中新世和早上新世便已经出现，但它们并不是当时的主要猎食者。这些中小型真犬类成为食肉动物群中的重要成员，但远远无法获得顶级猎食者的地位。然而，犬属的到来最终带领北方大陆的真犬类走入鼎盛时代。

中上新世时期（4百万－3百万年前），一种狼形的犬属动物直隶狼在华北地区首次出现。不久后，欧亚大陆成为犬属演化的巨大场地，掀起犬类多样性增长的浪潮，奠定了犬科最终的成功。犬属以阿尔诺河犬、伊特鲁里亚狼（图7.4）和福氏犬为代表，迅速扩张至欧洲，这些种或者保持了该属的原始特征，或者是朝向野犬的方向发展，获得了高度肉食性的特征。犬属在更新世初期（1.8百万年前）的突然扩张通常被称作狼事件，这与大陆冰川扩张之后猛犸象草原动物群的起源有关。

灰狼在临近更新世末期（0.8百万年前）时出现在欧洲，但直到最晚更新世（0.1百万年前）才出现在北美的中纬度地区。灰狼更早的记录可见于早更新世至中更新世的西伯利亚奥利尔动物群（Olyor Fauna），同样的记录也发现于阿拉斯加（白令陆桥东岸的北极区域）。因此狼起源于西伯利亚，可能和极地动物群中的大型有蹄类协同演化。它们似乎和很多白令期的大型有蹄类一样，仅在末次冰期入侵北美中纬度地区，成为最晚更新世和现生动物群的典型成员。

图 7.4　伊特鲁里亚狼和短吻硕鬣狗（*Pachycrocuta brevirostris*）的对比

生存于早更新世（1 百万年前）的欧洲犬类伊特鲁里亚狼生前复原图，与相同比例尺下的大型鬣狗短吻硕鬣狗并列在一起。大型鬣狗和犬类搜寻相似的食物来源（有蹄类的活体与尸体），它们在约 1 百万年前欧洲的生态系统中可能存在竞争。

　　灰狼取得了最后的成功，成为大型食肉类中分布最广的种。这可能是由于其喜好扩张的习性。为获得繁殖地，狼的策略是定向扩散。年轻的成年雄性和雌性狼为了摆脱它们在群体中的劣等地位并建立自己的繁殖群体，可以朝着一个方向迁移长达 800 公里。这样一种在一个世代便可以扩张很长距离的出众能力可能是它们分布广泛的最重要原因。现代灰狼和赤狐是所有哺乳动物中分布范围最广的，占据着欧洲、亚洲和北美的所有北方大陆（全北界），而赤狐还分布于非洲北部。

恐狼因在洛杉矶兰乔－拉布雷阿沥青坑中发现数量极多的个体而闻名。它是另一个起源可追溯至欧亚大陆的支系。这种生活于中更新世至晚更新世（1百万－0.01百万年前）的狼是真犬亚科曾经演化出的最大型的种。系统发育分析表明恐狼源自早更新世（1.5百万年前）突然出现的安氏狼。这两个种有着一系列同样高度肉食性的特征，表明恐狼本身起源于中更新世（1百万年前）的北美。恐狼在北美灭绝之前还成功扩张至南美北部和西海岸，奠定了新大陆最凶猛捕食者之一的地位。它于最晚更新世（10 000年前）随着大动物群走向灭绝。

中更新世的欧亚大陆发生了相似的爆发式演化，其中福氏犬类群演化出了分布广泛的高度肉食性的异豺，从异豺中又演化出了豺和非洲野犬。我们怀疑福氏犬（或与它相似的种类）还可能是北美恐狼及安氏狼支系的祖先。豺属的化石记录（爪哇豺化石亚种）出现于东南亚的中更新世沉积中。非洲野犬只在晚更新世以色列海尼姆洞穴中发现一处化石记录。非洲野犬的化石记录在非洲极少发现，但南非埃兰兹方丹的化石记录（Ewer and Singer, 1956）表明该属可能早在中更新世便已出现。晚更新世期间，异豺属和豺属也迁移至北美，短暂地丰富了新大陆的动物群。

食蟹狐

我们的形态学分析表明南美真犬类（食蟹狐亚族）属于自然支系，其共同祖先为始犬属－犬属－非洲野犬属支系的姐妹群（Tedford, Taylor and Wang, 1995。见图 7.1）。这一关系也通过 DNA 序列分析得到进一步支持（Lindblad-Toh et al., 2005）。然而，早在巴拿马地峡于中上新世（约 3 百万年前）形成前很久，包含食蟹狐类成员的某个支系已经在晚中新世至早上新世期间出现在北美。这一支系以晚中新世（6 百万－5 百万年前）的得克萨斯食蟹狐与偶然食蟹狐以及早上新世（5 百万－4 百万年前）的佛罗里达猎兽犬和新大陆鬃狼的化石记录为代表。我们所提出的南美分支和戴氏始犬的姐妹群关系也暗示食蟹狐很早就已经出现，可能比现有化石记录所显示的还要早几百万年，而且说不定也出现在化石记录极少的中美洲地区。

食蟹狐在北美的这种早期多样性增长早于巴拿马地峡的连通，这表明必然有一个以上的支系向南美迁徙。至少食蟹狐属、猎兽犬属和鬃狼属这三个属的成员一定分别跨越了巴拿马地峡，其他类群也可能如此。因此南美真犬类丰富的多样性可能是基于某个在北美时具有中等多样性的类群。

食蟹狐一到达北美便面对着由本土有袋类和南方有蹄类（仅生活于南美的大型有蹄类动物）组成的动物群。食蟹狐族发生了一次爆发式的辐射，成为南美多样性程度最高的食肉类群体。推测这是淘汰了本土的袋鬣狗的结果（第 2 章）。

除了构成现生食蟹狐的门类，如短耳犬、薮犬和各种狐类（包括伪狐和南美狐），如今已灭绝的高度肉食性的原狐属也是这次本土辐射的一部分。除了食蟹狐外，犬属也得益于陆桥的连通。真犬类最早的种杰氏狼仅发现于阿根廷恩塞纳达期（Ensenadan，1 百万－0.5 百万年前的早更新世至中更新世）的沉积中。杰氏狼和发现于阿根廷卢汉期（Lujanian，0.2 百万年前的晚更新世）沉积中的内氏狼与恐狼相近，表明它们可能有亲缘关系。这表明恐狼支系于早更新世到达南美，并具有中等程度的分异。食蟹狐属和犬属共同奠定了顶级猎食者类群的地位，并永久性地改变了南美食肉动物群的面貌。

8

家犬

常言说狗是"人类最好的朋友"。相比其他动物，狗无疑会唤起人类更多的情感。这种强烈的感情使人类在谈论狗的时候经常缺乏客观性。例如，人们频繁地使用诸如美丽、聪慧以及忠诚一类的词语来形容狗，就好像这些品质是狗与生俱来的一样。然而，要理解人类和狗的关系，需要更多地了解家犬及其野生祖先的博物学以及家犬驯化的历史过程。

家养驯化为什么重要?

尽管很多人和狗相处毫无困难，甚至把狗当成生活中非常独特的一部分，但很少有人会思考家犬在人类文明历史中的演化意义。首先，狗是人类史上第一种家畜。这一事实对人类历史具有深远的影响。现代社会中家畜无处不在，以至于我们经常忽视它们为我们的日常生活提供的便利。然而就像贾雷德·戴蒙德（Jared Diamond, 1997）所指出的，大型家畜可以成为文明崛起和衰落的决定性因素。家畜是人类衣食住行的重要来源——这对每个社会都是必不可少的。当不同文明之间发生冲突时，那些最会利用家畜（如战马）的社会群体可能会有压倒性的优势。成吉思汗的蒙古帝国就是一个鲜明的例子。

在人类文明的进程中，某种发明的想法往往比实现这个发明的途径更加重要。想法一旦出现，人们会想出各种方法去实现它。在动物家养驯化的例子中，动物可以接受驱使并改善人类生活的想法，比驯化哪种动物以及以何种方式驯化都重要得多。因此，如果狗当真是人类驯化的第一种动物，那么它可以当之无愧地成为给予人类文明重要启发的动物。它使人类第一次明白与野生动物共同生活是完全可行的。这是一个革命性的新概念。这个概念对地球各个角落的生物群、人类与动物关系以及人类生活方式都具有深远的影响。一旦这样的想法建立起来，驯化其他动物将会变成理所应当的事，只需要选择适当的物种，以及在试验和失误中总结出适当的驯化技术。

首次的家养驯化发生在狼身上可能并非偶然。狼是一种拥有高度的社群智慧并且高度适应群体生活的食肉动物。戴蒙德（Diamond, 1997）注意到大部分大型哺乳动物对人类的驯化都有强烈的抗拒。世界上只有14种具有经济意义的大型家畜被成功驯化，包括常见的牛、羊、猪、马、驼等。它们全都是植食动物，而且大部分来自欧亚大陆。这14种大型植食有蹄类动物中没有一种像犬类这样具有复杂的群居体系。可以想象，这些性情比较孤僻的有蹄类一开始远比习惯群居的灰狼更难接近。有趣的是，在经济价值方面具有最重大意义的5种家畜——绵羊、山羊、猪、牛和马——最早都在西亚的"新月沃土"（Fertile Crescent，包括现今伊拉克、以色列、叙利亚、黎巴嫩、埃及等的部分地区）及其周边驯化出来（猪可能是一个例外，最早驯化于中国）。在考古记录中，这5种家畜最早出现于西亚（8000年前至4000年前），可能并非巧合。家犬最早的记录之一来自约12 000年前的以色列，远早于五大家畜的记录。是否中东和西亚人在与狗的相处中萌生了驯化的想法并将相同的想法快速应用于大型植食动物呢？如果是这样的话，这一想法简直就是革命性的，它鼓励人们与高大但胆小的植食动物一同生活，借助牲畜更强大的力量来完成更长距离的旅行，搬动更多的货物。人类如果仅靠自己的力量来做这些工作，是无法达成这些功效的。

狗的家养历史

1977年，斯坦利·J.奥尔森（Stanley J. Olsen）和约翰·W.奥尔森（John W.Olsen）父子二人提出一个理论——家犬可能起源于中国。当时动物家养问题越来越吸引考古学家注意，奥尔森父子便试图系统研究家犬的化石记录（Olsen, 1985）。他们起初将灰狼的一个小型亚种推断为最有可能被驯化的种类。中国和蒙古国的灰狼中国亚种似乎符合这个假设。随后奥尔森父子研究了周口店遗址的犬属材料。周口店位于中国首都北京西南约50公里处，以发现中更新世（50万年前）的北京人（直立人）而举世闻名。周口店发掘出的犬属材料由裴文中于1934年定为灰狼变异亚种，而后来古生物学家通常把它升为变异狼。斯坦利·奥尔森指出变异狼的大小和形态介于亚洲狼与一个以在中国河姆渡新石器时代遗址出土的一具家犬头骨为代表的物种之间。

奥尔森将中国的化石犬类和家犬联系起来，是对已知化石记录的首次综合研究。这一工作无疑具有开拓性。然而，奥尔森意识到，人类和犬类在中更新世（约50万年前）的共同出现，要远远早于驯化事件，很难将这两者联系起来。因此他提示道："尽管人类和狼早期的联系在任何方面都不意味着家养或早期驯化，但这两类动物的共存关系似乎延续至驯化事件发生的时期，这是肯定的。"（1985：42）他有关中国直立人和犬类连续共生到晚更新世的假设可能是不正确的。现代古人类学的认识表明，古老的直立人和智人没有直接的亲缘关系。智人直接由非洲迁移而来，抵达欧亚大陆的时间要晚得多（不过学术界还存在另一个多地区起源的假说，认为直立人和智人之间存在一些联系）。在犬类方面，我们自己的研究也表明中更新世周口店的犬类确实属于一个独立的种——变异狼，和现生灰狼仅有着很远的亲缘关系。因此，近年来有关周口店化石材料与犬类家养的关系不再有人提起。这并不是说中国不可能是家犬的起源中心，而是说将变异狼的材料和家犬相比较是不恰当的。

几乎就在奥尔森父子于1977年提出家犬起源于中国的同时，两位以色列动物考古学家西蒙·戴维斯（Simon J. M. Davis）和弗朗索瓦·巴利亚（François R. Valla, 1978）宣布在以色列上约旦河谷古胡拉湖（old Huleh Lake）附近的考古遗址迈拉哈（Mallaha）发现了与人类合葬的幼年犬类。迈拉哈遗址属于纳图夫文化（Natufian culture），纳图夫被认为是最后的狩猎采集部落之一，年代大约在12 000年至10 000年前。纳图夫人住在圆柱形的房屋中，这可能是最早的固定村庄，是后来农耕社会的前身。

然而，真正令考古学家激动的是人与狗合葬的随葬方式。遗址房屋的入口处有一大块石灰岩厚板——这种石板通常是墓穴的标志。石板下面25厘米处，一具向右侧躺着的成年人的骨架弯曲成胎儿状。根据牙齿的磨损程度可判断出该骨架属于一老年个体，但由于骨盆区域受损而无法判断其性别。其左手越过头部，抱住一只幼犬的胸部，人的头部依偎在幼犬的身上。这两个个体的亲密姿势确实让人吃惊，强烈表现了一种超出单纯的陪葬物或牺牲品的情感关系。

对幼犬骨架中牙齿和肢骨愈合顺序的分析表明该骨架属于年龄约四到五个月的个体。人们也发现了成年犬类的材料，包括在同一住宅中找到的一个下颌以及在加利利西部海昂尼姆台地找到的一枚下裂齿（m1，后面这件标本与一个纳图夫部落有关，根据碳-14测定的年代为11 920年前）。这三件标本的尺寸在中东现生狼的下限之内，但远小于晚更新世（45 000年至14 000年前）的狼。当时因气候寒冷，狼的身体出现增大的趋势。然而，尽管纳图夫的犬类大小接近家犬的上限值，但它正好处于现生犬类和发现于考古遗址的化石犬类的范围之内。其他形态特征，如前臼齿的紧压程度——这符合家犬吻部缩短的特征——也表明纳图夫的犬类处于狼与狗之间的过渡位置。因此，似乎有理由假设纳图夫的犬类属于后期体形变小的一个种。戴维斯和巴利亚推断"这只幼犬提供了证据,表明它和墓葬主人之间有感情,而并非食用关系",而且是"人类这个猎手"驯化了狼(1978:609)。

这个事例让我们了解到狗的另一个特点:它们和猫(也驯化于近东和中东,但时间较晚)是早期家养动物中仅有的食肉类。这一点是重要的。因为食肉类和人类有着相同的食物来源。大型植食动物将人类无法利用的植物转变为肉类和奶等可食用的产品。很难想象人们最先养狗是为了食用,因为狗消费的人类食物比它们生产的还要多。人类要用非常宝贵的资源去喂养狗,因此狗必定行使着重要的功能,而这些功能是除养狗之外无法获得的。戴维斯和巴利亚(1978)可能说对了,狗在后来很晚的时候才成为人类的食物,那时候剩余的农产品能养活更多的狗(这并不是说早期人类完全不吃狗肉,他们有机会的话可能会吃)。合作狩猎或作为伴侣是否是人类养狗的最初动因呢?

学术杂志上时常会报道其他关于早期家犬的发现,但由于记录质量低劣,这些发现往往难以证实。例如,德国科学家冈特·诺比斯(Günter Nobis)于1979年报道了伯恩附近上卡瑟尔(Oberkassel)的克鲁马努(Cro-Magnon)遗址的一只家犬的右半部下颌。这件下颌的年代大约为14 000年前,上面只有四枚牙齿(犬齿、第四前臼齿和第一、第二臼齿),而且似乎第二和第三前臼齿在生前就已经断失(容纳这枚牙齿齿根的齿槽因愈合而完全看不到了)。如果这件标本被认定为家犬的遗骸,这个发现将成为家犬的最早记录之一。而且诺比斯推测这只德国家犬可能代表了与欧亚大陆其他遗址不同的一次独立驯化事件。然而，由于缺少能够作为鉴定标准的骨骼部分（如前额区和冠状突）、头部带有重要解剖结构的部分（这些对于犬类的鉴定非常重要），上卡瑟尔标本很难确定是否为家犬的遗骸。因此，专家们没有广泛认可德国这份记录是关于早期犬类驯化的证据。

米哈伊尔·萨布林（Mikhail V. Sablin）和根纳季·克罗帕切夫（Gennady A. Khlopachev, 2002）报道了中俄平原布良斯克地区伊利谢维奇 1 号（Eliseevichi 1）的旧石器时代晚期遗址中的两件近乎完整的家犬头骨。共生动物群（大部分为猛犸象、北极狐和驯鹿）的放射性碳同位素数据表明其年代在 17 000 年至 13 000 年前——年代范围的上限表明这一发现可能为家犬的最早期记录。两件头骨很大，有北方狼大小。伊利谢维奇地区的家犬头骨的主要特点为短吻和宽腭，这些特征可能类似于西伯利亚哈士奇（Siberian Husky，现代狗的一个品种）。而且，其中一个头骨（MAE 447/5298）的左侧脑颅处有一个大洞。萨布林和克罗帕切夫将其解释为人为破坏取出大脑所致。也就是说他们推测狗的大脑被人类吃掉了。俄罗斯的新材料比较有趣，但伊利谢维奇头骨属于家犬的证据似乎并不明确。伊利谢维奇头骨中的另一个 ZIN 23781（24）P4 长 27.3 毫米，相比之下 P3 长 17.4 毫米。P3 和 P4 的大小比例接近于狼而非家犬。家犬具有相对更小的 P3 以适应缩短的吻部。然而，并不能排除伊利谢维奇犬类是一种正处在驯化初级阶段的、像狼一样的早期家犬——这一阶段的形态分异通常还不足以确切区分狼与狗。古 DNA 研究也许能提供帮助，但在 DNA 提取出来之前，俄罗斯材料的性质可能一直无法确定。

Dogs: Their Fossil Relatives and Evolutionary History　犬类和它们的化石近亲

家犬形态

由于狼和狗在形态和基因上太过相似，大部分学者认为某种南部（中国或阿拉伯）的狼是家犬的祖先。但这种相似性也使区分考古遗址中狗和狼的遗骸成了困扰研究人员的问题。其结果是在区分狼和狗的化石材料时缺少明确的标准，中国、以色列和欧洲考古遗址中关于家犬的发现都不能十分确定。例如，为自圆其说，主张家犬起源于中国的斯坦利·奥尔森（1985）认为纳图夫材料为一件异常的狼的标本。而以色列演化生物学家塔玛·达岩（Tammar Dayan, 1994）列举了以色列墓穴中的材料更可能为家犬的进一步证据。在上述的争论中，形态特征存在与否，是问题的核心。

科学家在这方面一直不懈地努力。让我们从现代家犬的形态出发来建立一个比较坚实的比较解剖基础。除了少数例外，现代家犬通常比狼小。成年家犬不仅较小，还体现出一些幼年特征，包括短吻、垂耳和大眼睛，就好像它们一直没有长大。生物学家将这些特征称为幼态持续特征，指动物已达到性成熟但仍保留幼年特征的现象。一些演化生物学家推测具有幼态持续特征的家犬引起人类爱怜的情感。换句话说，一种"娇小可爱的因素"似乎起到了消除狗与人类隔阂的作用。一只拥有幼态持续特征的狗可能也更加顺从，这对成功地建立驯养关系是一个重要的特征。

头骨和下颌是考古遗址中保存最多的部位。狗倾向于长有隆起的前额（从侧面很容易看到，表现为在眼眶或是眼部骨质窝上方的明显隆起）以及缩短的吻部和颌部。颌部的空间因为短吻而减少，因此与短吻相关的还有压紧而相互错位的前臼齿。为了缓解这种紧压，前臼齿的尺寸也减小了。除此之外，一些学者称已经在狗的下颌中发现了从侧面看更窄、后缘更弯曲的冠状突（下颌关节上方突出的骨片）。颞肌附着在这个突起上。狼的这条肌肉靠近下颌，而且要发达得多。狗这一部位的状态同样是头骨幼态持续状态的表现。

这一系列组合形态对于鉴别大部分现代家犬都是有用的。然而，在区分考古遗址中狗和狼残骸的时候，其中很多特征就不起作用了，因为考古记录越接近家犬起源的时期，狗就越像狼。因此当我们向狗起源的时间点逼近到一定程度时，鉴别考古遗址中一件犬形标本的真正性质就变得几乎不可能了。在那个时间点上，明确的人犬感情关系——就像在纳图夫墓穴遗址中所见到的那样——就变得更加有价值了。

俄罗斯人对狐狸的一项试验

家犬的形态特征无疑是重要的，尤其是在考古学框架内，但家犬的行为被改变的方式对于我们综合理解家犬的驯化同样意义重大。成功地让一种动物的行为向着人类需要的方向改变是驯化中最关键的要素之一。俄罗斯人一项有趣的试验有助于使这一观点更加清晰。

德米特里·贝尔耶夫（Dmitry K. Belyaev）相信行为变化是促成由狼到狗的所有基因和形态改变的关键因素。驯化或驯养过程中是否表现顺从，是决定驯化成功还是失败的最重要因素。贝尔耶夫和他的伙伴们开始在狐狸身上进行40多年的长期试验（见特鲁特1999年的描述）。俄罗斯遗传学家们选择性地饲养狐狸，进行单一性状试验，专门选择最驯服的个体来培养下一代。经过大约30至35代后，这些狐狸中很大一部分确定无误地表现出家畜的特征：它们很温顺，而且渴望取悦人类。更值得注意的是，这些行为上的选择也带来了若干体质上的变化。比如这些狐狸开始长出垂耳、短圆尾、短腿、浅毛色以及牙齿咬合不正（上颌比下颌短，这在一些斗牛犬身上可以见到）——这些特征在家犬中普遍存在，查尔斯·达尔文很久以前就注意到了。

贝尔耶夫将驯化潜力归结为选择的结果，选择促成了发育的过程。需要强调的是，家犬的很多体质和行为特征都可以用幼态持续过程来解释——成年个体保留幼年特征。归根结底，被驯化就是消除恐惧反应，与人类建立信任。恐惧对野生动物是很有用的一种行为，可以时刻提醒它提防外界的危险。从某种程度来说，家犬永远长不大，在行为和形态两方面都停滞于幼年时期。

家犬的遗传历史

除了一些暗示早期家犬记录的零碎化石之外，考古学家几乎无法找到更多的东西。而分子生物学家则越来越多地转向使用 DNA 来获取有关家犬历史的信息。狗细胞中的染色体含有丰富的历史信息，保存着累计数代的 DNA 变化。2005 年 12 月，克斯廷·林德布拉德－都（Kerstin Lindblad-Toh）领导的研究团队发表了一只雌性拳师犬完整的 DNA 编码测序。狗在人类生活中的重要性导致其基因组是 271 个现生食肉类物种中最先被测序的。当时，仅有几种生物的基因组得到完整测序；哺乳动物中，在 2005 年狗是仅有的五种被完整测序动物中的第五种（前四种为人、黑猩猩、田鼠和家鼠）。选择狗进行完整的遗传密码解析，彰显了狗在人类社会中的特殊地位及其在医学和科研中的重要性。

在狗基因组研究成果中，有一种在染色体不同位置鉴定出少量快速演化序列的技术，可用于追溯现生犬类的系统发育关系。在 34 种现生犬类中，人们选择了 30 种来研究，并提取出 11 000 个单独变化的碱基对来重建犬科的系统发育树。不足为奇，就像形态学家和分子生物学家长久以来猜测的那样，家犬和狼具有较近的关系。

分子生物学也促成了最近一场关于第一批家犬起源的地点和时间的争议。卡尔莱斯·维拉（Carles Vilà）及其同事于 1997 年提出早在 10 万年前就发生了多次驯化事件。这样的估算是根据分子钟的概念。这一概念假定 DNA 分子排序具有恒定的变化速率。分子生物学家将一个或多个化石记录的年代设置为特定物种起源的最短起点，这样可以估算一段时间内的碱基对变化率。例如，维拉和他的同事将狼与郊狼分异的最短时间设定为 100 万年前。如此一来，由狼与狗的线粒体 DNA 序列中少量的分子变化，可推算出这两种犬类分异的时间为 10 万年前。

这样的估算将家犬驯化推移至远比任何已有化石记录都要早的年代（这种分子估算比化石记录更早的情形在其他类群的研究中也经常出现，造成生物学家与古生物学家的激烈争论）。维拉和他的团队指出，早期家犬过于像狼，在化石记录中无法通过形态来辨别。只有在大约 15 000 年之后人工选择某些家犬的特征，才促成了足够的形态差异，从此我们才能够在考古记录中辨认出家犬。

与维拉及其同事（1997）的研究不同，彼得·萨沃连恩及其合作者（2002）坚持认为最早的家犬驯化完成于约 15 000 年前的东亚。萨沃连恩分析了 654 个家犬品种，每个品种使用 582 个线粒体 DNA 碱基对，发现东亚地区的家犬存在比其他地区更大的基因变异，表明家犬起源于东亚。因为线粒体 DNA 继承自母系，萨沃连恩的团队可以由现代家犬追溯至五个雌性狼支系。在这些支系中，一条支系（"支系 A"）包含中国和蒙古国的狼基因中三个相关的位点，这一支系具有最高的基因多样性，因此据推测包含家犬的祖先种群。*

新大陆家犬

尽管有以上的争议，但也存在一个普遍的共识，即家犬在 15 000 年之前便被驯化，起源地为欧亚大陆。但其他地区家犬的情况呢？特别是，新大陆的家

---

* 自 2008 年本书发表以来，大量有关古 DNA 的文章在近年出现，本书不包括一些最新发表的观点。——译者注

犬与其旧大陆同类的关系如何呢？家犬是 15 世纪哥伦布抵达美洲之前越过白令海峡到达美洲的唯一家畜。和其他动物相比，狼在全北界（欧洲、亚洲和北美等北方大陆）均有分布。因此当它们跨过白令陆桥时，有的是机会与人类建立联系。需要注意的是，化石记录显示新大陆的狗在约 14 000 年至 12 000 年前被驯化。这一时间或者几乎与人类首次到达新大陆的时间（即约 15 000 年前）重合，或者稍稍晚于人类跨过白令陆桥的时间。如果一定要在这个时间数据上较真，那么狗不可能和最早到达美洲的人类一起到来。如此我们必须问一些问题：旧大陆和新大陆的狗存在任何联系吗？或者说新大陆的狗是由美洲原住民印第安人独立驯化的吗？

为了回答这些问题，珍妮弗·伦纳德及其同事（2002）做了另一项家犬基因研究。现代新大陆家犬无法用于这项研究，因为它们的祖先可能与欧洲殖民者带来的狗杂交，基因结构无法显示其祖先状况。因此，伦纳德及其同事从墨西哥、秘鲁和玻利维亚前哥伦布时期考古遗址发现的 37 件家犬标本中提取古 DNA，来确保没有与欧洲家犬杂交的情况发生。此次古 DNA 分析显示美洲本土家犬和欧亚原始支系有很近的亲缘关系，表明狗随着晚更新世人类一同来到美洲。如果是这样的话，狗在人类占据美洲的早期一定起着显著的作用。这是家畜协助人类在新世界定居的一个案例。

还有大量的化石证据表明，当人类于 15 000 年前首次跨过白令陆桥到达北美的时候，他们将狗带在身边。美国自然博物馆弗里克实验室（Frick Laboratory）

已故化石采集员、研究员特德·加卢沙（Ted Galusha）注意到产自阿拉斯加费尔班克斯（Fairbanks）晚更新世地层的几件头骨具有相对于野生狼来说极短的面部，面部比例和现代爱斯基摩犬相似。加卢沙从未发表他的研究结果，而是将其转交给斯坦利·奥尔森做进一步研究。奥尔森确定这些头骨化石属于爱斯基摩犬的祖先。然而，真正的灰狼也毫无疑问地存在于相同地层中，使短面部的个体是否处在狼种群变异范围之内这一问题变得难以解决。伦纳德及其同事（2002）对阿拉斯加 11 件样品所做的基因研究确定这些个体属于家犬。

澳洲野犬

澳洲野犬是第一种家畜随人类一起勇闯新世界的另一个有趣案例。当欧洲人于 18 世纪首次乘船到达澳大利亚时，除了种类丰富的有袋动物类群之外，澳洲野犬是那里唯一的大型胎盘哺乳动物。澳洲野犬的名字"dingo"是澳大利亚东南部的埃欧拉土著部落（Eora Aboriginal tribe）所起。从外部形态上看，澳洲野犬茶色的皮毛很像家犬，尤其是南亚的家犬。然而它们的行为普遍和家犬大不相同。它们在澳大利亚的荒野中游荡，除了偶尔被当作宠物和用于狩猎外，澳洲野犬通常拒绝现代人类的驯化。

几乎从欧洲人抵达之初，就有关于澳洲野犬可能起源于野狗以及它可能与南亚家犬有亲缘关系的争论。它是以半驯化状态到达澳大利亚之后再次野化，还是直接由野生犬类演化而来的呢？即使在盛冰期海平面达到最低的时候，东南亚群岛有些岛屿之间最少也有 50 公里的开放水域，野生犬类能在没有人类协助的情况下游过这片海域吗？或者澳洲野犬是由东南亚渔民和海参捕捞者用船搭载而来的？依靠自身来到澳大利亚的有胎盘哺乳动物只有啮齿类和蝙蝠，人们推测它们是靠在岛间跳跃、漂流和飞行越过东南亚诸岛的。到目前为止还没有大型哺乳动物进行过这样的旅行。因此和人类一同乘船旅行对于成功登陆澳大利亚的澳洲野犬来说是最有可能的。

澳洲野犬在形态上与南亚的家犬和狼非常相似。考古记录中最早确定的澳洲野犬化石年代约为 3500 年前。彼得·萨沃连恩及其同事（2004）再次运用分子技术解决关于新大陆和旧大陆家犬之间的问题。分析来自 211 只澳洲野犬、狼和家犬的线粒体 DNA，表明澳洲野犬的基因结构与家犬大体相同。澳洲野犬和东亚以及美洲北极地区的家犬具有相同的基因型，称作 A29。通过计算基因分异的总量，萨沃连恩团队得出结论，澳洲野犬于约 5000 年前的单次迁徙事件中抵达澳大利亚，这个年代与考古数据大致相符。如果这些考古数据和分子证据中的任何一个与澳洲野犬的真实抵达时间相近，那么澳洲野犬一定是在一次人类迁徙活动中随船来到澳大利亚的。这个时间比约 5 万年前澳大利亚首批定居者的到来要晚得多。

除了这些研究之外，其他关于澳洲野犬如何到达澳大利亚的问题也一直引起人们的兴趣。它们到澳大利亚后重新野化，是否由于那时的家犬还未能完全驯化？或者说它们在登上澳大利亚大陆后发现有袋类动物是轻易就能获得的猎物，因此主动抛弃了人类？在澳大利亚这样的孤立大陆上，澳洲野犬没有其他有胎盘类捕食者的竞争，因此独自过野生生活很容易，无需与人类做伴。无论真实情况是什么，澳洲野犬通过与人类自然相处或受人类驯化，以非陆路方式（乘船）入侵新大陆，最终成为该地区动物群落中的顶级犬类，这在食肉类中是唯一的案例。

为什么狗是最先被驯化的？

狗是人类历史上第一个被过着狩猎采集生活的人类完全驯化的动物，因此它们在人类历史上起着独一无二的作用。狗的家养启发人类产生一个革命性的想法，即野生动物可用来驱使以达成人类的目的。狗在当时是第一种，很可能也是唯一的一种家畜，它们跟随人类来到美洲，或使用人类的技术（乘船）扩张至澳大利亚。它们是人类社会演化的重要部分。往大处说，它们的重要性不亚于诸如石器、青铜器和农业耕种等重大发明。因此人们不禁要问一些问题：为什么狗是最先被驯化出来的？哺乳动物要有足够高的智力才能和人类共生吗？或者说狗达到了和人类相似的社会化水平了吗？人类最初的稳定聚落与农业的起源有关。狗可能是唯一适应狩猎采集生活方式的家畜。人类有可能是从狼的集群狩猎中学习并获得了狩猎技术吗？果真如斯坦利·奥尔森（1985）推测的那样，本身就是集群狩猎者的人类由于与狼获取猎物的策略相同，而主动向狼靠近吗？

或许狩猎与人类和狼的早期联系无关。奥尔森可能是第一个公开表明这种观点的:"可能狼被饥饿驱使着(不一定是人类的意图)接近营地的篝火,人们在那里烤肉,垃圾丢弃在营地周围。可以轻松接近人类居住地区的狼将这样的领地视为它们自己的领地,它们对入侵者警告性的嚎叫也会提醒住在这里的人类有外来者接近。"(1985:18)

关于驯化的传统观念通常包含人类意图的成分。早期人类有意地选取某些想要的性状或去除不想要的性状,从而创造出一个适合人类需求的品种。这一理念在现代农业人工选育和动物繁殖的实践中根深蒂固。尽管这样的社会目的在现代驯化实践中是决定性因素,但历史框架下人类的动机是很难推测的,无法根据考古记录来直接推演。为了避免这一困难,达西·莫里(Darcy F. Morey, 1994)提出一种不同的方法来解决家犬首次驯化的问题。他指出没有必要事先假设人类的目的对早期驯化的意义。

从演化的观点看,以人类为中心看问题的方法就完全没必要了。莫里争论说,一味关注人类在家养进程中的作用忽视了动物在这一过程中的需要。家犬与人类的结合在地球上几乎所有环境中都极为成功,相比之下野生的狼倒是每况愈下。因此家犬在这种安排下是非常有利可图的。那么会不会家犬的祖先觉得这种结合对自己有利而自动参与这样一种最终达到互利的"试验"?从这样的立场出发,就不用老把人类有意驯服动物这种模糊而无法检验的想法搬进我们的思维中。

莫里指出晚更新世过狩猎采集生活的人类(于约 12 000 年前)和狼经常接触,是因为二者狩猎很多相同的猎物。然后一些幼狼可能混入人类的社会群体中,一些被收养的幼狼活到了成年。这些狼崽必定学会了，对占据优势的人类献出服从姿态是被人类社会容纳的条件，另外会向人类讨取食物也是一项重要技能。在人类居住地周围生活的狼的食性必定也发生了改变，从以肉食为主变为杂食各种肉和植物，有的还收集或捡食人类的剩饭。在这种与人接触的背景下，身体较小也是一个很好的特征。身体较小和顺从行为可通过个体生长期间的幼态持续来轻易达成。

行为生物学家雷蒙德·科平杰和夫人洛娜·科平杰（2001）进一步拓展了莫里的家犬自我驯化模型。首先，农业产生了人类居所，这是有别于流动性的狩猎采集生活的另一种生活方式。在每个人类村庄都有遗弃物，如骨头、动物尸体、谷物、水果以及人类排泄物。科平杰夫妇指出这种人类垃圾场成为一些狼的首要栖息地。这些狼可能频繁光顾垃圾场以获取新的食物来源。不那么惧怕人类的狼在这样的生活方式中通常更为成功，因为它们看到人类靠近时不会逃跑，从而造成较少的体力消耗。可以肯定这样的狼也更容易被驯服。由此就促成了狼和人类的早期联系，最终促成家犬的驯化。

科平杰夫妇的模型一个重要的特点是他们不需要考虑狼的社会性这一因素。他们说集群性与驯化没有关系。事实上，他们指出早期的家犬靠劣质食物喂养，必定具有比野生狼更小的大脑（同时具有较小的身体、头部和牙齿），与其身体相协调。科平杰夫妇并不认同通常所说的狗具有更高的智慧，相反，他们指出不仅狗的大脑比狼小，它们也没有狼聪明。

为什么狗被驯化？

尽管垃圾场模型是一个吸引人的备选理论，但科平杰夫妇的假说的最大难点是一旦狼的集群性被视为无意义的，那么犬类的驯化将不再是智人和狼的相互关联的唯一产物。其他低度肉食性的食肉动物也是在人类垃圾场捡食的行家。浣熊和熊是两个广为人知的例子。前者直到古代印第安人到达北美才和人类有了联系，并且当时人类已经有狗作为他们的同伴。尽管熊一直生活在中石器时代过狩猎采集生活的人类周围，但它们从来没被驯化过。熊不是集群性的猎食者，可能不会被轻易驯化。

在我们弄清为什么狗是第一个的问题之前，让我们稍微拓宽一下视野，考虑一下各种早期家畜的情况。除了在早期人类社会具有相对较低经济价值的猫（能抓老鼠）之外，在成功驯化的家畜中，狗具有特殊的地位，是唯一一种食肉类。其他 14 种都是大型植食动物。如果我们按照达西·莫里（1994）和科平杰夫妇（2001）建议的那样，抛除驯化是出于人类的目的这种人类中心说的理念，那么人类就是学会了有可能通过与某种动物的联系来和这些动物共生。然而，早期人类过狩猎采集生活，大部分大型植食动物都是他们的猎物。因此很难想象这些被狩猎的动物在遭遇人类时不进行激烈的防卫。而且，没有什么能诱使这些植食动物靠近人类居住地；同样的垃圾场对狼来说是有吸引力的食物补给场所，在植食动物的眼里却是几乎不值得造访的地方。

相比之下，作为猎食者的食肉类不那么害怕接近其他动物。它们必须时常这么做以抓获猎物。这并不是说早期人类和狼没有敌对关系。所有顶级猎食者时常遭遇其他猎食者，它们要么抢夺对方的猎物，要么攻击对方。但可能对一只食肉动物来说，接近人类这样的猎食者，要远比接近一只警惕性极高的有蹄类植食动物容易。因此，第一种家畜来自食肉目动物可能是不可避免的。

食肉类的几个科都是生活在早期智人周围的哺乳动物群的一部分。我们可能会立即排除掉鼬科（鼬、獾和水獭）、灵猫科（灵猫）、獴科（獴）和浣熊科（浣熊和蓬尾浣熊）。这些小型食肉类中的各科在人类社会中无法起到狗那样的作用（新大陆的浣熊科直到古印第安人扩张至北美才与人类产生联系）。排除这些小型食肉类后，就剩下食肉类中四个大型科可供考虑：猫科（猫、豹、狮子和虎）、熊科（熊和大熊猫）、鬣狗科（鬣狗和土狼）和犬科。尽管一些猫类是高度群居性的捕食者，但它们是高度肉食性的（第4章），基本上纯以肉为食。换句话说，人类垃圾场可能无法将它们吸引过去，这里无论如何都无法提供给它们充足的食物以供生存（家猫显然是一个例外，因为它足够小，不会成为人类的负担）。熊类是高度杂食性的动物，可能也会觉得垃圾场对它们有吸引力。但需要注意的是，熊没有适于被驯养的群居性情。即使它们被驯养，它们也缺少狼那样的奔跑能力和捕猎技巧，无助于与人类的长期共存。最后，鬣狗在食物需求和社会行为上与犬类足够接近，可以使它们频繁造访人类垃圾场。然而，鬣狗似乎也缺乏驯化所需要的性情。

因此犬科是唯一具备驯养所需的适当特性的食肉动物类群。犬类身体不是太大，因此可以受人类管制。它们是中等肉食性动物，惯于处理不同的食物。这样的食物偏好可能早已决定了犬类要在人类垃圾场捡食。最后一个关键要素是狗的性情。所有的家畜中，狗对人类是最为顺从的。即使我们不考虑更悠久的家犬驯化历史，狗相比其他家畜也似乎天生更具有接近人类的本领。例如，猫的驯化历史也很长（约9000年前），但就如所有猫主人都知道的那样，猫远比狗要独立，对人没有那么热情——几千年的人工选育也没有培养出像狗那么顺从的猫。这种对人类的顺从态度在狗融入人类社会之后可能也有助于训练出其他本领，如陪伴、合作狩猎、放哨、守卫等。

在一项关于狗的社会认知的研究中，布赖恩·黑尔及其同事（2002）指出狗具有高水平的与人类进行社会协作的技能。他们研究狗遵照标志、手势以及其他信息来完成任务的能力。在这项试验中，狗在理解人类交流信号上的表现比黑猩猩和狼都要好。黑尔及其同事得出结论，狗使用人类社交信息的能力是在驯化过程中发展出来的。然而，我们要注意，很多研究阐述的家畜的特殊能力，可能是在长时间的驯化过程中获得的能力。这些技能不太可能是驯化初期就已经存在的。

且不论家犬的初始能力，形态和行为特征的组合似乎使它们具备了融入人类社会的独特能力。从某种程度上来看，狗成为第一种和人类建立互利关系的动物几乎是不可避免的。

令人目眩的家犬品种

除了金鱼这样一个从鲤科鱼类中产生出来的有着各种奇异形态的人工品种之外，家犬可能是自野生祖先中产生出最多分异的动物。它们在身体大小、外观和皮毛颜色上有着巨大差异。假如分类学家不知道这些性状为人工选择的结果，那么他们会毫不迟疑地把它们分入不同的科。相比之下，家猫的形态要均一得多。猫的毛色是差异的主要来源。狼科一个单独的亚种之内存在如此巨大的差异，这在自然界几乎是难以想象的（这些性状对生存没有意义，如果在自然状况下很快就会被淘汰）。然而，这些差异似乎表明其他哺乳动物的基因库缺少这样的可变性。

为什么狗有如此大的变异性？一条线索可能存在于猫没有这么大的变异性当中。吉尔·霍利德和斯科特·施泰潘（Jill A. Holliday and Scott J. Steppan, 2004）试图通过比较猫与狗的化石多样性来解决这个问题。猫是高度肉食性的，它们的整个肌肉－骨骼－牙齿系统似乎完美契合于一个单纯的目的——捕猎。除了剑齿虎之外，猫类演化历史中大部分时候出现的各个种彼此都很相似——事实上相当相似的猫类化石有时很难分辨彼此。猫类的头部和牙齿形态似乎已经被固定在某一位置上。而这种身体模式的改变可能会危及它们的生存，因此自然选择把那些变化都清除了。对此霍利德和施泰潘提出一个问题：肉食性程度的增加是否限制了形态变异？转换成科学术语，问题变成了：特化程度的增加与表型变异的减少是否相关？

这个问题的答案是"是"：向高度肉食性方向产生的变异对后续的形态多样性有着强烈的限制作用，尤其是对颌部和牙齿的形态。用通俗的话说，猫类倾向于锁定它们的形态变异。换一种说法，一种强大的选择压力将变异从一个近乎完美的系统中剔除。然而，犬类在牙齿和头部形态上更加多变，因为它们较为原始，是中等肉食性的动物。因此，从演化的角度讲，犬类似乎比猫类拥有更多的灵活性。

然而，我们需要注意不能太教条地应用这一发现。霍利德和施泰潘（2004）测量的是骨架和牙齿部位，这些部位在演化中通常是变异程度最高的。犬类的这些部位没必要有太大的改变。例如，牙齿剪切部分和研磨部分的相对比例是肉食性程度的标志（第4章）。这一比例远没有犬类骨骼的其他部位变异程度高。相反，犬类大部分的骨骼变异和发育过程有关。换句话说，幼态持续可能在身体大小和头部比例的巨大形态变异中起到更大的作用。

附录 1：犬类各个种及分类

    这份名单包含了犬类的各个种，以及它们已知的地质年代和地理分布。现生种参照 Wozencraft（1993）、Tedford, Taylor and Wang（1995）以及 Wang, Tedford et al.（2004b）。关于化石种，黄昏犬部分参照 Wang（1994）；豪食犬部分参照 Wang, Tedford and Taylor（1999）；北美真犬亚科参照 Tedford, Wang and Taylor（2009）；南美真犬亚科参照 Berta（1981, 1987, 1988）。目前欧亚大陆和非洲犬类尚无综合性的整理，我们的名单是由不同的文献编辑而成，而且我们没有包含收集很少或记录存在问题的种。所有各个属种的排列顺序按照它们大致的系统发育位置，即原始类群在先，更进步的类群在后。字母缩写如下：Af，非洲；As，亚洲；E，早；Eoc，始新世；Eu，欧洲；L，晚；M，中；Mio，中新世；Nam，北美；Oligo，渐新世；Pleist，更新世；Plio，上新世；R，全新世；SAm，南美。

学名、俗名（现生种）	年代	分布
黄昏犬亚科（Subfamily Hesperocyoninae, Martin, 1989）		
Prohesperocyon wilsoni (Gustafson, 1986)	L Eo	NAm
Hesperocyon gregarius (Cope, 1873)	L Eo–M Oligo	NAm
Hesperocyon coloradensis (Wang, 1994)	E Oligo	NAm
Mesocyon coryphaeus (Cope, 1879)	L Oligo–E Mio	NAm
Mesocyon temnodon (Wortman and Matthew, 1899)	E–L Oligo	NAm
Mesocyon brachyops (Merriam, 1906)	L Oligo–E Mio	NAm
Cynodesmus thooides (Scott, 1893)	E–L Oligo	NAm
Cynodesmus martini (Wang, 1994)	M Oligo	NAm
Sunkahetanka geringensis (Barbour and Schultz, 1935)	M Oligo	NAm
Philotrox condoni (Merriam, 1906)	M Oligo	NAm
Enhydrocyon stenocephalus (Cope, 1879)	M–L Oligo	NAm
Enhydrocyon pahinsintewakpa (Macdonald, 1963)	M–L Oligo	NAm
Enhydrocyon crassidens (Matthew, 1907)	E Mio	NAm
Enhydrocyon basilatus (Cope, 1879)	L Oligo–E Mio	NAm
Osbornodon renjiei (Wang, 1994)	E Oligo	NAm
Osbornodon sesnoni (Macdonald, 1967)	E Oligo	NAm
Osbornodon wangi (Hayes, 2000)	E Mio	NAm
Osbornodon scitulus (Hay, 1924)	E Mio	NAm
Osbornodon iamonensis (Sellards, 1916)	E Mio	NAm
Osbornodon brachypus (Cope, 1881)	E Mio	NAm
Osbornodon fricki (Wang, 1994)	E–M Mio	NAm
Paraenhydrocyon josephi (Cope, 1881)	E Oligo–E Mio	NAm
Paraenhydrocyon sp.	M Mio	As
Paraenhydrocyon robustus (Matthew, 1907)	E Mio	NAm
Paraenhydrocyon wallovianus (Cope, 1881)	L Oligo–E Mio	NAm
Caedocyon tedfordi (Wang, 1994)	L Oligo	NAm
Ectopocynus antiquus (Wang, 1994)	E–L Oligo	NAm
Ectopocynus intermedius (Wang, 1994)	M–L Oligo	NAm
Ectopocynus simplicidens (Wang, 1994)	E Mio	NAm

豪食犬亚科（Subfamily Borophaginae, Simpson, 1945）

基干豪食犬亚科（BASAL BOROPHAGINAE）

Archaeocyon pavidus (Stock, 1933)	M Oligo	NAm
Archaeocyon leptodus (Schlaikjer, 1935)	E–L Oligo	NAm
Archaeocyon falkenbachi (Wang, Tedford, and Taylor, 1999)	L Oligo	NAm
Oxetocyon cuspidatus (Green, 1954)	E Oligo	NAm
Otarocyon macdonaldi (Wang, Tedford, and Taylor, 1999)	E Oligo	NAm
Otarocyon cooki (Macdonald, 1963)	M–L Oligo	NAm
Rhizocyon oregonensis (Merriam, 1906)	M Oligo	NAm

贪犬族（TRIBE PHLAOCYONINI, WANG, TEDFORD, AND TAYLOR, 1999）

Cynarctoides lemur (Cope, 1879)	M–L Oligo	NAm
Cynarctoides roii (Macdonald, 1963)	M Oligo–E Mio	NAm
Cynarctoides harlowi (Loomis, 1932)	E Mio	NAm
Cynarctoides luskensis (Wang, Tedford, and Taylor, 1999)	E Mio	NAm
Cynarctoides gawnae (Wang, Tedford, and Taylor 1999)	E Mio	NAm
Cynarctoides whistleri (Wang and Tedford, 2008)	E Mio	NAm
Cynarctoides acridens (Barbour and Cook, 1914)	E–M Mio	NAm
Cynarctoides emryi (Wang, Tedford, and Taylor, 1999)	E Mio	NAm
Phlaocyon minor (Matthew, 1907)	M Oligo–E Mio	NAm
Phlaocyon latidens (Cope, 1881)	M Oligo	NAm
Phlaocyon annectens (Peterson, 1907)	E Mio	NAm
Phlaocyon taylori (Hayes, 2000)	E Mio	NAm
Phlaocyon achoros (Frailey, 1979)	L Oligo	NAm
Phlaocyon multicuspus (Romer and Sutton, 1927)	E Mio	NAm
Phlaocyon marslandensis (McGrew, 1941)	E Mio	NAm
Phlaocyon leucosteus (Matthew, 1899)	E–M Mio	NAm
Phlaocyon yatkolai (Wang, Tedford, and Taylor, 1999)	E Mio	NAm
Phlaocyon mariae (Wang, Tedford, and Taylor, 1999)	E Mio	NAm

豪食犬族（TRIBE BOROPHAGINI, WANG, TEDFORD, AND TAYLOR, 1999）
基干豪食犬族（BASAL BOROPHAGINI）

Cormocyon haydeni (Wang, Tedford, and Taylor, 1999)	L Oligo–E Mio	NAm
Cormocyon copei (Wang and Tedford, 1992)	L Oligo–E Mio	NAm

Desmocyon thomsoni (Matthew, 1907)	E Mio	NAm
Desmocyon matthewi (Wang, Tedford, and Taylor, 1999)	E Mio	NAm

■ 熊犬亚族（SUBTRIBE CYNARCTINA, MCGREW, 1937）

Paracynarctus kelloggi (Merriam, 1911)	E–M Mio	NAm
Paracynarctus sinclairi (Wang, Tedford, and Taylor, 1999)	M Mio	NAm
Cynarctus galushai (Wang, Tedford, and Taylor, 1999)	M Mio	NAm
Cynarctus marylandica (Berry, 1938)	M Mio	NAm
Cynarctus saxatilis (Matthew, 1902)	M Mio	NAm
Cynarctus voorhiesi (Wang, Tedford, and Taylor, 1999)	M Mio	NAm
Cynarctus crucidens (Barbour and Cook, 1914)	M–L Mio	NAm
Metatomarctus canavus (Simpson, 1932)	E Mio	NAm
Euoplocyon spissidens (White, 1947)	E Mio	NAm
Euoplocyon brachygnathus (Douglass, 1903)	M Mio	NAm
Psalidocyon marianae (Wang, Tedford, and Taylor, 1999)	M Mio	NAm
Microtomarctus conferta (Matthew, 1918)	E–M Mio	NAm
Protomarctus optatus (Matthew, 1924)	E–M Mio	NAm
Tephrocyon rurestris (Condon, 1896)	M Mio	NAm

■ 猫齿犬亚族（SUBTRIBE AELURODONTINA, WANG, TEDFORD, AND TAYLOR, 1999）

Tomarctus hippophaga (Matthew and Cook, 1909)	M Mio	NAm
Tomarctus brevirostris (Cope, 1873)	M Mio	NAm
Aelurodon asthenostylus (Henshaw, 1942)	M Mio	NAm
Aelurodon montanensis (Wang, Wideman, Nichols, and Hanneman, 2004)	M Mio	NAm
Aelurodon mcgrewi (Wang, Tedford, and Taylor, 1999)	M Mio	NAm
Aelurodon stirtoni (Webb, 1969)	M Mio	NAm
Aelurodon ferox (Leidy, 1858)	M Mio	NAm
Aelurodon taxoides (Hatcher, 1893)	L Mio	NAm

■ 豪食犬亚族（SUBTRIBE BOROPHAGINA, WANG, TEDFORD, AND TAYLOR, 1999）

Paratomarctus temerarius (Leidy, 1858)	M Mio	NAm
Paratomarctus euthos (McGrew, 1935)	M–L Mio	NAm
Carpocyon compressus (Cope, 1890)	M Mio	NAm
Carpocyon webbi (Wang, Tedford, and Taylor, 1999)	M–L Mio	NAm

Carpocyon robustus (Green, 1948)   M–L Mio   NAm

Carpocyon limosus (Webb, 1969)   L Mio   NAm

Protepicyon raki (Wang, Tedford, and Taylor, 1999)   M Mio   NAm

Epicyon aelurodontoides (Wang, Tedford, and Taylor, 1999)   L Mio NAm

Epicyon saevus (Leidy, 1858)   L Mio   NAm

Epicyon haydeni (Leidy, 1858)   L Mio   NAm

Borophagus littoralis (VanderHoof, 1931)   L Mio   NAm

Borophagus pugnator (Cook, 1922)   L Mio   NAm

Borophagus orc (Webb, 1969)   L Mio   NAm

Borophagus parvus (Wang, Tedford, and Taylor, 1999)   L Mio   NAm

Borophagus secundus (Matthew and Cook, 1909)   L Mio   NAm

Borophagus hilli (Johnston, 1939)   L Mio   NAm

Borophagus dudleyi (White, 1941)   L Mio   NAm

Borophagus diversidens (Cope, 1892)   Plio   NAm

真犬亚科（Subfamily Caninae, Fischer de Waldheim, 1817）

基干真犬亚科（BASAL CANINAE）

Leptocyon mollis (Merriam, 1906)   M Oligo   NAm

Leptocyon douglassi (Wang, Tedford, and Taylor, 2009)   M Oligo   NAm

Leptocyon vulpinus (Matthew, 1907)   E Mio   NAm

Leptocyon delicatus (Loomis, 1932)   L Oligo   NAm

Leptocyon gregorii (Matthew, 1907)   L Oligo   NAm

Leptocyon Leidyi (Wang, Tedford, and Taylor, 2009)   E–L Mio   NAm

Leptocyon vafer (Leidy, 1858)   M–L Mio   NAm

Leptocyon matthewi (Wang, Tedford, and Taylor, 2009)   L Mio   NAm

Leptocyon tejonensis (Wang, Tedford, and Taylor, 2009)   L Mio   NAm

狐族（TRIBE VULPINI, HEMPRICH AND EHRENBERG, 1932）

Vulpes lagopus (Linnaeus, 1758), 北极狐   L Pleist–R   As, Eu, NAm

Vulpes stenognathus (Savage, 1942)   L Mio   NAm

Vulpes kernensis (Wang, Tedford, and Taylor, 2009)   L Mio   NAm

Vulpes riffautae (Bonis et al., 2007)   L Mio   Af

Vulpes alopecoides (Major, 1873)   L Plio   Eu

Vulpes beihaiensis (Qiu and Tedford, 1990)   E Plio   As

Vulpes praeglacialis (Kormos, 1932)	E–M Pleist	Eu
Vulpes chikushanensis (Young, 1930)	L Plio	As
Vulpes praecorsac (Kormos, 1932)	M Pleist	Eu
Vulpes angustidens (Thenius, 1954)	E Pleist	Eu
Vulpes galaticus (Ginsburg, 1998)	Plio	Eu
Vulpes bengalensis (Shaw, 1800), 孟加拉狐	R	As
Vulpes cana (Blanford, 1877), 布氏狐	R	As
Vulpes chama (Smith, 1833), 开普狐	R	Af
Vulpes corsac (Linnaeus, 1768), 沙狐	R	As
Vulpes ferrilata (Hodgson, 1842), 藏狐	R	As
Vulpes macrotis (Merriam, 1888), 敏狐	R	NAm
Vulpes pallida (Cretzschmar, 1826), 苍狐	R	Af
Vulpes rueppelli (Schinz, 1825), 吕氏狐	R Af,	As
Vulpes velox (Say, 1823), 草原狐	Plio–R	NAm
Vulpes vulpes (Linnaeus, 1758), 赤狐	Pleist–R	As, Eu, Af, NAm
Vulpes zerda (Zimmerman, 1780), 耳廓狐	L Pleist–R	Af
Metalopex maconnelli (Wang, Tedford, and Taylor, 2009)	L Mio	NAm
Metalopex merriami (Tedford and Wang, 2008)	L Mio	NAm
Metalopex bakeri (Wang, Tedford, and Taylor, 2009)	L Mio	NAm
Urocyon webbi (Wang, Tedford, and Taylor, 2009)	L Mio	NAm
Urocyon progressus (Stevens, 1965)	E Plio	NAm
Urocyon galushai (Wang, Tedford, and Taylor, 2009)	Plio	NAm
Urocyon citrinus (Wang, Tedford, and Taylor, 2009)	Pleist	NAm
Urocyon minicephalus (Martin, 1974)	Pleist	NAm
Urocyon cinereoargenteus (Schreber, 1775), 灰狐	Pleist–R	NAm
Urocyon littoralis (Baird, 1858), 岛屿灰狐	L Pleist–R	NAm
Prototocyon curvipalatus (Bose, 1879)	Pleist	As
Prototocyon recki (Pohle, 1928)	E Pleist	Af
Otocyon megalotis (Desmarest, 1822), 大耳狐	L Pleist–R	Af

真犬族（TRIBE CANINI, FISCHER DE WALDHEIM, 1817）

■ 食蟹狐亚族（SUBTRIBE CERDOCYONINA, TEDFORD, WANG, AND TAYLOR, 2009）

Atelocynus microtis (Sclater, 1882), 短耳犬	R	SAm
Cerdocyon texanus (Wang, Tedford, and Taylor, 2009)	E Plio	NAm
Cerdocyon avius? (Torres and Ferrusquia, 1981)	E Plio	Am

Cerdocyon thous (Hamilton Smith, 1839), 食蟹狐	Pleist–R	SAm
Chrysocyon nearcticus (Wang, Tedford, and Taylor, 2009)	E Plio	NAm
Chrysocyon brachyurus (Illiger, 1815), 鬃狼	Pleist–R	SAm
Dusicyon australis (Kerr, 1792), 福岛狐	L Plio–R	SAm
Nyctereutes donnezani (Depérer, 1890)	L Mio–Plio	Eu
Nyctereutes megamastoides (Pomel, 1842)	M–L Plio	Eu
Nyctereutes tingi (Tedford and Qiu, 1991)	Plio	As
Nyctereutes sinensis (Schlosser, 1903)	Plio	As
Nyctereutes abdeslami (Geraads, 1997)	L Plio	Af
Nyctereutes terblanchei (Ficcarelli et al., 1984)	Plio–Pleist	Af
Nyctereutes procyonoides (Gray, 1834), 貉	Plio–R	As, Eu, Af
Pseudalopex culpaeus (Molina, 1782), 山狐	Pleist–R	SAm
Pseudalopex griseus (Gray, 1837), 南美灰狐	R	SAm
Pseudalopex gymnocercus (Fischer, 1814), 南美草原狐	R	SAm
Pseudalopex sechurae (Thomas, 1900), 秘鲁狐	R	SAm
Pseudalopex vetulus (Lund, 1842), 白毛狐	R	SAm
Speothos pacivorus (Lund, 1839)	L Pleist	SAm
Speothos venaticus (Lund, 1842), 薮犬	L Pleist–R	SAm
Theriodictis floridanus	Plio–Pleist	NAm
Theriodictis tarijensis (Ameghino, 1902)	Pleist	SAm
Theriodictis platensis (Mercerat, 1891)	Pleist	SAm
Protocyon troglodytes (Lund, 1838)	L Plio	SAm
Protocyon scagliarum (Kraglievich, 1952)	L Plio	SAm

■ 真犬亚族（SUBTRIBE CANINA, FISHER DE WALDHEIM, 1817）

Eucyon skinneri (Wang, Tedford, and Taylor, 2009)	L Mio	NAm
Eucyon davisi (Merriam, 1911)	L Mio	NAm, As
Eucyon zhoui (Tedford and Qiu, 1996)	E–M Plio	As
Eucyon intrepidus (Morales, Pickford, and Soria, 2005)	L Mio	Af
Eucyon monticinensis (Rook, 1992)	L Mio	Eu
Eucyon adoxus (Martin, 1973)	E Plio	Eu
Eucyon odessanus (Odintzov, 1967)	E Plio	Eu
Nurocyon chonokhariensis (Sotnikova, 2006)	Plio	As
Canis cipio (Crusafont-Pairó, 1950)	L Mio	Eu
Canis ferox (Miller and Carranza-Castañeda, 1998)	L Mio–E Plio	NAm

Canis lepophagus (Johnston, 1938)	Plio	NAm
Canis thooides (Wang, Tedford, and Taylor, 2009)	L Plio	NAm
Canis feneus (Wang, Tedford, and Taylor, 2009)	Pleist	NAm
Canis cedazoensis (Mooser and Dalquest, 1975)	L Pleist	NAm
Canis edwardii (Gazin, 1942)	L Plio–Pleist	NAm
Canis latrans (Say, 1823), 郊狼	Pleist–R	NAm
Canis rufus (Audubon and Bachman, 1851), 红狼	L Pleist–R	NAm
Canis armbrusteri (Gidley, 1913)	Pleist	NAm
Canis dirus (Leidy, 1858)	L Pleist NAm,	SAm
Canis gezi (Kraglievich, 1928)	E–M Pleist	SAm
Canis nehringi (Ameghino, 1902)	L Pleist	SAm
Canis etruscus (Forsyth-Major, 1877)	E Pleist	Eu
Canis falconeri (Forsyth-Major, 1877)	E Pleist	Eu
Canis arnensis (Del Campana, 1913)	E Pleist	Eu
Canis antonii (Zdansky, 1924)	E Pleist	As
Canis chihliensis (Zdansky, 1924)	E Pleist	As
Canis palmidens (Teilhard and Piveteau, 1930)	L Plio	As
Canis variabilis (Pei, 1934)	M Pleist	As
Canis teilhardi (Qiu, Deng, and Wang, 2004)	L Plio	As
Canis longdanensis (Qiu, Deng, and Wang, 2004)	L Plio	As
Canis brevicephalus (Qiu, Deng, and Wang, 2004)	L Plio	As
Canis mosbachensis (Soergel, 1925)	M Pleist	Eu
Canis lupus (Linnaeus, 1758), 灰狼	Pleist–R	As, Eu, NAm
Canis africanus (Pohle, 1928)	E Pleist	Af
Canis adustus (Sundevall, 1847), 侧纹胡狼	R	Af
Canis aureus (Linnaeus, 1758), 亚洲胡狼	R	Af, As
Canis mesomelas (Schreber, 1775), 黑背胡狼	E Pleist–R	Af
Canis simensis (Rüppell, 1835), 埃塞俄比亚狼	R	Af
Xenocyon dubius (Teilhard de Chardin, 1940)	M Pleist	As
Xenocyon texanus (Troxell, 1915)	L Pleist	NAm
Xenocyon lycaonoides (Kretzoi, 1938)	Pleist	As, Eu, Af, NAm
Cynotherium sardous (Studiati, 1857)	L Pleist	Eu
Cuon alpinus (Pallas, 1811), 北豺	Pleist–R	As, Eu
Lycaon magnus (Ewer and Singer, 1956)	M Pleist	Af
Lycaon pictus (Temminck, 1820), 非洲野犬	L Pleist–R	Af

附录 2：犬科系统发育树

图中仅表示属级亲缘关系，括号内为种的数量。粗直杠表示每个种大致的地质年代范围，细线指示系统发育关系。我们沿用的资料为：黄昏犬亚科依据 Wang（1994）；豪食犬亚科依据 Wang, Tedford and Taylor（1999）；真犬亚科依据 Tedford, Wang and Taylor（2009）和 Berta（1988）。

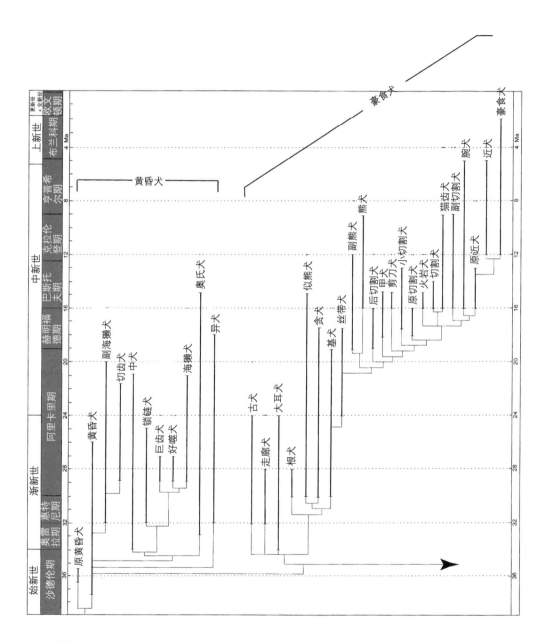

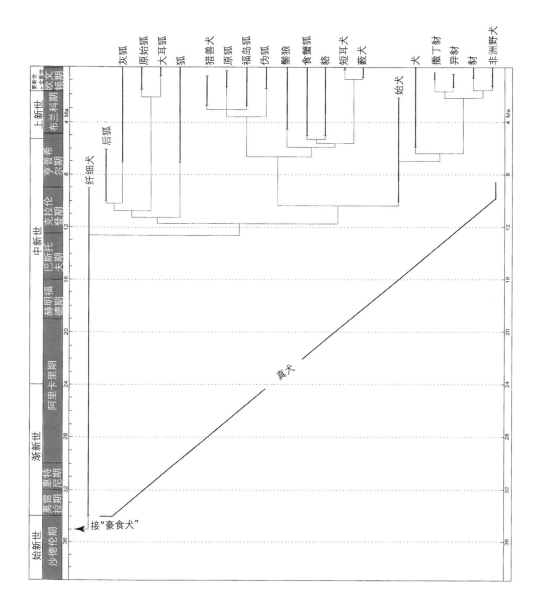

词汇表

科和亚科名列入该词汇表，但属名和种名未列入（后者见附录和索引）。

AMPHICYONIDS 犬熊类　犬熊科的通称，或称半犬类，一类灭绝的食肉动物，以兼具狗和熊的特征而著名；尽管人们都叫它犬熊，但它既不是熊（熊科）也不是狗（犬科）。

ANAGENETIC CHANGE (ANAGENESIS) 渐进式演变（渐进演化）　在演化过程中，一个支系不分化为不同的支系，与之相对的是支序式演变，即一个支系分化为两个以上不同支系。

ARCTOIDS 熊形类　熊形超科的通称，一个包含灭绝与现生食肉动物的高度多样性的类群，包括熊科、鳍脚类、浣熊科、臭鼬科和鼬科。

ARTIODACTYLS 偶蹄类　偶蹄目的通称，一个包括具有蹄子数目为偶数的植食类哺乳动物的高度多样性的类群，包括猪、骆驼、鹿、羊和牛。

AUDITORY BULLA 听泡　哺乳动物耳区的骨质外壳，保护脆弱的耳骨（听小骨）。

AUDITORY OSSICLES 听小骨　哺乳动物耳部的三块微小骨骼（锤骨、砧骨和镫骨），将声波从耳膜传递至内耳神经。

BIFURCATING PROCESS 分支过程　见支序式演变。

BORHYAENIDS 袋鬣狗类　袋鬣狗科的通称，南美中新世一类有袋食肉动物。

BOROPHAGINES 豪食犬类　豪食犬亚科的通称，一个包含早渐新世至上新世北美灭绝犬类的高度多样性的类群。

BUNODONT 丘形齿　牙齿模式，齿冠低，单个齿尖圆润；丘形齿多与杂食性有关。

CANIDS 犬类　犬科的通称，包含现生狼、狐狸、郊狼、貉、胡狼、野犬及其化石近亲的食肉类动物群；犬类广泛分布于全世界，它们化石祖先的生存年代可追溯至晚始新世（4000多万年前）。

CANIFORMS 犬形动物　犬形的食肉动物，包括细齿兽、犬类、犬熊类和熊类；犬形动物趋向于具有原始的完整牙齿序列，相比之下猫形动物的齿式有所缩减。

CANINES 真犬类　真犬亚科的通称，一个包含从早渐新世至今的灭绝与现生犬类的高度多样性的类群；真犬类自北美演化出来，于晚中新世迁移至欧亚大陆，上新世迁移至南美。

CANINES TOOTH 犬齿　哺乳动物位于门齿和前臼齿之间的牙齿；犬齿一般长而锋利，通常被食肉类作为杀伤武器使用。

CARNASSIALS 裂齿　由上第四前臼齿和下第一臼齿组成的一对用来处理肉类的剪切型牙齿；所有的食肉类都具有一对裂齿。

CARNIVORANS 食肉类　食肉目的通称，一个包含狗、猫、浣熊、鼬、臭鼬、熊猫、熊和其他不那么知名的捕食动物的哺乳动物类群；该目的大部分成员都是捕食动物，以拥有一对由上第四前臼齿和下第一臼齿组成的剪切型牙齿，即所谓的裂齿为划分标准。

CARNIVORES 食肉动物　以肉类作为主要食物的动物。食肉动物可能是也可能不是食肉目（或食肉类）的成员，因为一些食肉类不是食肉动物（如熊猫），而一些食肉动物不是食肉类（如鬣齿兽类）。

CENOZOIC 新生代　哺乳动物占据优势的地质时代，年代跨度为6500万年前至今。

CERDOCYONINES 食蟹狐类　食蟹狐亚族的俗称，一个包括现生南美犬类及其灭绝亲属的类群，也有一些生活在北美；食蟹狐类包括若干种食蟹狐、鬃狼以及薮犬。

CHARACTERS 特征　用于研究生物谱系关系的各种特点（如大耳朵就是耳廓狐的特征）。

CIMOLESTIDS 白垩兽　中生代哺乳动物类群，可能是食肉类的远亲。

CLADE 支系　拥有共同祖先的生物类群，经常等同于单系群。

CLADISTICS 支序分析　通过寻找一组生物共有衍生特征来推测系统发育关系的

科学方法。

CLADOGENETIC CHANGE (CLADOGENESIS) 支序式演变（分支演化）　一个支系分化为两个以上支系的演化过程，相比之下，渐进式演变不产生分支。

CLADOGRAM 演化树　基于共有衍征理论的支序关系示意图。

CONSERVATIVE 保守　一个支系保留祖先状态的趋势。

CONVERGENCE 趋同演化　不同支系发生的导致相似外形的演化改变。

CREODONTS 肉齿类　肉齿目的通称，一个灭绝的捕食动物门类，大多生活在古近纪，最终被食肉目的成员所淘汰。

CRETACEOUS 白垩纪　时间跨度为 1.45 亿年前至 6500 万年前的地质时期。

CURSORIALITY (CURSORIAL) 奔跑能力　长时间连续快速奔跑的能力。

DIGITIGRADE 趾立式　前后肢近端部分抬离地面的仁姿，动物此时靠趾头站立。

ECTOTYMPANIC BONE 外鼓骨　听泡上充当耳膜附着点的部分。

ENAMEL 釉质　包裹在哺乳动物牙齿外表面的坚硬、洁白、有光泽的物质。

ENDEMIC 本地特有　如果某生物的自然分布仅限于某一特征地方或区域，它们被称为本地特有物种。

ENTOTYMPANIC BONE 内鼓骨　食肉类听泡上通常构成主要鼓室壁的部分。

EOCENE 始新世　时间跨度为 5500 万年前至 3400 万年前的地质时期。

FELIFORMS 猫形动物　猫形的食肉动物，包括古灵猫、猎猫（长有剑齿的原始动物）、猫类、鬣狗、灵猫和獴；猫形动物趋向于具有缩减的牙齿序列，相比之下犬形动物的齿式更加完整。

FRONTAL SINUS 额窦　额骨内的中空结构，是食肉类不同支系中反复发展出来的一个特征。

HESPEROCYONINES 黄昏犬类　黄昏犬亚科的通称，是生活于晚始新世至中中新世的北美灭绝犬类动物。

HOMOLOGY 同源　不同生物自共同祖先处继承来的相同特征。

HYAENIDS 鬣狗　鬣狗科的通称，包括现生鬣狗、土狼及其灭绝亲属的捕食动物类群；自中新世至今，鬣狗生存于欧亚大陆、非洲和北美。

HYAENODONTS 鬣齿兽　肉齿目鬣齿兽科的通称，包含古近纪和部分新近纪时期顶级猎食者的已灭绝食肉动物类群。

HYPERCARNIVORY (HYPERCARNIVOROUS) 高度肉食性　牙齿特征适于高效处理肉类，裂齿上通常具有锋利的刃，可切断肉和韧带。

HYPOCARNIVORY (HYPOCARNIVOROUS) 低度肉食性　牙齿特征适于更广泛的食性（不偏重肉类），后部颊齿通常有增大的研磨区域。

HYPOTHETICAL-DEDUCTIVE METHOD 假设−演绎法　注重假设的构建并将这些假设的合理推论作为推动科学发展的主要途径的科学哲学。

HYPSODONTY 高冠齿　植食动物颊齿釉质部分具有较长的垂直长度（称为冠高）；高冠齿通常表明食物中包含具有粗纤维的植物（常为草）与混合在一起的细沙。

INCISOR 门齿　哺乳动物齿列的最前端部分，靠近犬齿；食肉类的犬齿结构常简单，呈凿状。

INTERNAL CAROTID ARTERY 内颈动脉　食肉类经过鼓泡的小动脉，常构成大脑的主要血液供给。

MESOCARNIVORY (MESOCARNIVOROUS) 中等肉食性　食肉类牙齿不特化的类型，介于高度肉食性和低度肉食性这两种极端情况之间。

MESONYCHIDS 中兽类　中兽科的通称，古近纪的已灭绝哺乳动物类群，一些已经演化出了和更晚期的食肉类相似的捕食特征。

MESOZOIC 中生代　恐龙和其他爬行动物占据优势的地质时代，年代跨度从 2.5 亿年前至 6500 万年前。

MIACIDS 细齿兽　细齿兽科的通称，古近纪的一类灭绝犬形食肉动物。

MIDDLE EAR 中耳　哺乳动物耳部解剖结构区域，包含于鼓泡之内。

MIOCENE 中新世　年代跨度为 2400 万年前至 500 万年前的地质时期。

MOLARS 臼齿　哺乳动物靠近颌部后方的恒颊齿；臼齿终生不替换（没有前臼齿所具有的乳齿阶段）。

MONOPHYLY **单系群**　包含共同祖先及其全部后代的自然生物类群。

MUSTELIDS **鼬类**　鼬科的通称，一类包含现生鼬、獾、水獭、貂、狼獾及其灭绝亲属的熊形食肉动物。

NEOGENE **新近纪**　包括中新世到上新世（2400 万年前至 180 万年前）的地质时期。

OLIGOCENE **渐新世**　年代跨度为 3400 万年至 2400 万年前的地质时期。

OMNIVORES **杂食动物**　食性丰富多变的动物，不会重点将单一的资源，如肉类和植物作为主要的食物。

PALEOCENE **古新世**　年代跨度为 6500 万年至 5500 万年前的地质时期。

PALEOGENE **古近纪**　包括古新世到渐新世（6500 万年至 2400 万年前）的地质时期。

PARSIMONY **简约法**　面对多种不同假设时选择最简单（最简约）者的科学方法，也称为"奥卡姆剃刀"，典出自 14 世纪英国哲学家和方济会修士威廉·奥卡姆。

PHYLOGENETIC SYSTEMATICS **系统发育体系**　以生物谱系关系为基础的生物分类与命名研究。

PHYLOGENY **系统发育关系**　旨在重建不同生物支系早期关系的谱系关系。

PLANTIGRADE **蹠立式**　整个前后脚接触地面的伫姿，重量主要分布于前后脚掌。

PLATE TECTONICS **板块构造学**　关于地球岩石圈（大陆和海洋）大尺度构造与运动的研究。

PLEISTOCENE **更新世**　年代跨度为 180 万年前至 1 万年前的地质时期，也就是广为人知的冰河时代。

PLIOCENE **上新世**　年代跨度为 500 万年前至 180 万年前的地质时期。

PREMOLARS **前臼齿**　哺乳动物靠近颌部前端的颊齿；前臼齿包括乳前臼齿以及在生长过程中将乳前臼齿替换掉的恒前臼齿。

PROCYONIDS **浣熊类**　浣熊科的通称，一类包含现生浣熊、蜜熊、蓬尾浣熊、长鼻浣熊、尖吻浣熊及其灭绝亲属的熊形食肉动物。

RADIATION **辐射**　一个生物类群多样性的迅速暴涨，常为对环境变化和新资源的响应。

RANCHO LA BREA 兰乔-拉布雷阿沥青湖 美国洛杉矶市汉考克公园内的一系列沥青坑，保存有世界最丰富的晚更新世哺乳动物群，包括富集程度最高的恐狼材料。

SELENODONT 新月形齿 常见于偶蹄类哺乳动物的牙齿模式，具有多道新月形齿脊；新月形齿常与植食性有关。

SEXUAL DIMORPHISM 性双型 同一物种的雄性和雌性发展出不同的形态特征；一些食肉类明显的性双型特征包括身体大小和犬齿长度的不同。

STRATIGRAPHY 地层学 根据岩层的相对位置（如上方地层比下方地层年代晚）进行的地质学研究。

TALONIDS 下跟座 下颊齿（前臼齿和臼齿）后半部分；食肉类的下跟座常作为牙齿的研磨部分使用。

TERRESTRIAL 陆生 与生活在坚实的地面上相关的属性（相对于其他属性，如水生或生活在水面上）。

THYLACINIDS 袋狼 澳大利亚有袋类捕食动物类群，包含最近灭绝的塔斯马尼亚袋狼。

UNGULIGRADE 蹄立式 许多植食哺乳动物，如马所采用的仁姿，前后脚全部抬离地面；此时动物以前后脚趾尖站立。

URSIDS 熊类 熊科的通称，一类包含熊、熊猫及其灭绝亲属的熊形食肉动物。

VERTEBRATES 脊椎动物 脊椎动物门或亚门的通称，包含所有具有脊椎骨（脊柱）的动物。

VIVERRAVIDS 古灵猫 原始的古灵猫科的通称，古近纪具有缩减齿列的一类灭绝猫形食肉动物。

ZOOGEOGRAPHY 动物地理学 关于动物分布、扩散和迁徙的研究。

扩展阅读

这是一份不同主题的基础文献的名单，旨在让严谨的读者在特定的领域进行进一步的研究。名单包括本书所引用的以及之外的大量文献，提供了一份综合性的表单；在一些历史问题，如现生和化石犬类分类的细节上并未过度深究。

解剖学、运动学与功能学

Andersson, K. 2004. Elbow-joint morphology as a guide to forearm function and foraging behaviour in mammalian carnivores. *Zoological Journal of the Linnean Society* 142:91–104.

Andersson, K., and L. Werdelin. 2003. The evolution of cursorial carnivores in the Tertiary: Implications of elbow-joint morphology. *Biology Letters* 270:163–165.

Antón, M., and A. Galobart 1999. Neck function and predatory behaviour in the scimitar tooth cat *Homotherium latidens* (Owen). *Journal of Vertebrate Paleontology* 19:771–784.

Baker, M. A., and L. W. Chapman. 1977. Rapid brain cooling in exercising dogs. *Science* 195:781–783.

Binder, W. J., and B. Van Valkenburgh. 2000. Development of bite strength and feeding behaviour in juvenile spotted hyenas (*Crocuta crocuta*). *Journal of Zoology* 252:273–283.

Carbone, C., G. M. Mace, S. C. Roberts, and D. W. Macdonald. 1999. Energetic constraints on the diet of terrestrial carnivores. *Nature* 402:286–288.

Carrano, M. T. 1997. Morphological indicators of foot posture in mammals: A statistical and biomechanical analysis. *Zoological Journal of the Linnean Society* 121:77–104.

Evans, H. E., and G. C. Christensen. 1979. *Miller's Anatomy of the Dog*. Philadelphia: Saunders.

Ewer, R. F., and R. Singer. 1956. Fossil Carnivora from Hopefield. *Annals of the South African Museum* 42:335–347.

Flower, W. H. 1869. On the value of the characters of the base of the cranium in the classification of the order Carnivora, and on the systematic position of *Bassaris* and other disputed forms. *Proceedings of the Zoological Society of London* 1869:4–37.

Gaspard, M. 1964. La région de l'angle mandibulaire chez les Canidae. *Mammalia* 28:249–329.

Hildebrand, M. 1952. An analysis of body proportions in the Canidae. *American Journal of Anatomy* 90:217–256.

Hildebrand, M. 1954. Comparative morphology of the body skeleton in recent Canidae. *University of California Publications in Zoology* 52:399–470.

Holliday, J. A., and S. J. Steppan. 2004. Evolution of hypercarnivory: The effect of specialization on morphological and taxonomic diversity. *Paleobiology* 30:108–128.

Hunt, R. M., Jr. 2003. Intercontinental migration of large mammalian carnivores: Earliest occurrence of the Old World beardog *Amphicyon* (Carnivora, Amphicyonidae) in North America. *Bulletin of the American Museum of Natural History* 279:77–115.

Lee, D. V., J. E. A. Bertram, and R. J. Todhunter. 1999. Acceleration and balance in trotting dogs. *Journal of Experimental Biology* 202:3565–3573.

Munthe, K. 1989. The skeleton of the Borophaginae (Carnivora, Canidae): Morphology and function. *University of California Publications in Geological Sciences* 133:1–115.

Newman, C., C. D. Buesching, and J. O. Wolff. 2005. The function of facial masks in "midguild" carnivores. *Oikos* 108:623–633.

Ortolani, A. 1999. Spots, stripes, tail tips, and dark eyes: Predicting the function of carnivore colour patterns using the comparative method. *Biological Journal of the Linnean Society* 67:433–476.

Rensberger, J. M. 1995. Determination of stresses in mammalian dental enamel and their relevance to the interpretation of feeding behaviors in extinct taxa. In J. J. Thomason, ed., *Functional Morphology in Vertebrate Paleontology*, 151–172. Cambridge: Cambridge University Press.

Rensberger, J. M. 1997. Mechanical adaptation in enamel. In W. V. Koenigswald and P. M. Sander, eds., *Tooth Enamel Microstructure*, 237–257. Rotterdam: Balkema.

Stefen, C. 1999. Enamel microstructure of recent and fossil Canidae (Carnivora: Mammalia). *Journal of Vertebrate Paleontology* 19:576–587.

Usherwood, J. R., and A. M. Wilson. 2005. Biomechanics: No force limit on greyhound sprint speed. *Nature* 438:753.

Van Valkenburgh, B., and W. J. Binder. 2000. Biomechanics and feeding behavior in carnivores: Comparative and ontogenetic studies. In P. Domenici and R. W. Blake, eds., *Biomechanics in Animal Bahaviour*, 223–235. Oxford: BIOS.

Van Valkenburgh, B., and K.-P. Koepfli. 1993. Cranial and dental adaptations to predation in canids. In N. Dunstone and M. L. Gorman, eds., *Mammals as Predators*, 15–37. Oxford: Oxford University Press.

Van Valkenburgh, B., T. Sacco, and X. Wang. 2003. Pack hunting in Miocene borophagine dogs: Evidence from craniodental morphology and body size. *Bulletin of the American Museum of Natural History* 279:147–162.

Van Valkenburgh, B., J. Theodor, A. Friscia, A. Pollack, and T. Rowe. 2004. Respiratory turbinates of canids and felids: A quantitative comparison. *Journal of Zoology* 264:281–293.

Wang, X. 1993. Transformation from plantigrady to digitigrady: Functional morphology of locomotion in *Hesperocyon* (Canidae: Carnivora). *American Museum Novitates* 3069:1–23.

Wang, X., and B. M. Rothschild. 1992. Multiple hereditary osteochondromata of Oligocene *Hesperocyon* (Carnivora: Canidae). *Journal of Vertebrate Paleontology* 12:387–394.

Werdelin, L. 1989. Constraint and adaptation in the bone-cracking canid *Osteoborus* (Mammalia: Canidae). *Paleobiology* 15:387–401.

White, T. E. 1954. Preliminary analysis of the fossil vertebrates of the Canyon Ferry Reservoir area. *Proceedings of the United States National Museum* 103:395–438.

Wöhrmann-Repenning, A. 1993. The anatomy of the vermeronasal complex of the fox (*Vulpes vulpes* [L.]) under phylogenetic and functional aspects. *Zoologische Jahrbucher: Abteilung für Anatomie und Ontogenie der Tiere* 123:353–361.

Wroe, S., C. McHenry, and J. Thomason. 2005. Bite club: Comparative bite force in big biting mammals and the prediction of predatory behaviour in fossil taxa. *Proceedings of the Royal Society of London*, Series B 272:619–625.

体重估算

Andersson, K. 2004. Predicting carnivoran body mass from a weight-bearing joint. *Journal of Zoology* 262:161–172.

Anyonge, W., and C. Roman. 2006. New body mass estimates for *Canis dirus*, the extinct Pleistocene dire wolf. *Journal of Vertebrate Paleontology* 26:209–212.

Kaufman, J. A., and R. J. Smith. 2002. Statistical issues in the prediction of body mass for Pleistocene canids. *Lethaia* 35:32–34.

Van Valkenburgh, B. 1990. Skeletal and dental predictors of body mass in carnivores. In J. Damuth and B. MacFadden, eds., *Body Size in Mammalian Paleobiology: Estimation and Biological Implications*, 181–205. Cambridge: Cambridge University Press.

Van Valkenburgh, B., and K.-P. Koepfli. 1993. Cranial and dental adaptations to predation in canids. In N. Dunstone and M. L. Gorman, eds., *Mammals as Predators*, 15–37. Oxford: Oxford University Press.

驯化

Bardeleben, C., R. L. Moore, and R. K. Wayne. 2005. Isolation and molecular evolution of the Selenocysteine tRNA (Cf TRSP) and RNase P RNA (Cf RPPH1) genes in the dog family, Canidae. *Molecular Biology and Evolution* 22:347–359.

Cohn, J. 1997. How wild wolves became domestic dogs. *BioScience* 47:725–728.

Coppinger, R., and L. Coppinger. 2001. *Dogs: A Startling New Understanding of Canine Origin, Behavior, and Evolution*. New York: Scribner.

Davis, S. J. M., and F. R. Valla. 1978. Evidence for the domestication of the dog 12,000 years ago in the Natufian of Israel. *Nature* 276:608–610.

Dayan, T. 1994. Early domesticated dogs of the Near East. *Journal of Archaeological Science* 21:633–640.

Diamond, J. 1997. *Guns, Germs, and Steel: The Fates of Human Societies*. New York: Norton.

Hare, B., M. Brown, C. Williamson, and M. Tomasello. 2002. The domestication of social cognition in dogs. *Science* 298:1634–1636.

Hemmer, H. 1990. *Domestication: The Decline of Environmental Appreciation*. Cambridge: Cambridge University Press.

Leonard, J. A., R. K. Wayne, J. Wheeler, R. Valadez, S. Guillén, and C. Vilà. 2002. Ancient DNA evidence for Old World origin of New World dogs. *Science* 298:1613–1616.

Lindblad-Toh, K., C. M. Wade, T. S. Mikkelsen, E. K. Karlsson, D. B. Jaffe, M. Kamal, M. Clamp, J. L. Chang, E. J. Kulbokas, M. C. Zody, E. Mauceli, X. Xie, M. Breen, R. K. Wayne, E. A. Ostrander, C. P. Ponting, F. Galibert, D. R. Smith, P. J. deJong, E. Kirkness, P. Alvarez, T. Biagi, W. Brockman, J. Butler, C.-W. Chin, A. Cook, J. Cuff, M. J. Daly, D. DeCaprio, S. Gnerre, M.

Grabherr, M. Kellis, M. Kleber, C. Bardeleben, L. Goodstadt, A. Heger, C. Hitte, L. Kim, K.-P. Koepfli, H. G. Parker, J. P. Pollinger, S. M. J. Searle, N. B. Sutter, R. Thomas, C. Webber, and E. S. Lander. 2005. Genome sequence, comparative analysis, and haplotype structure of the domestic dog. *Nature* 438:803–819.

Morey, D. E. 1994. The early evolution of the domestic dog. *American Scientist* 82:336–347.

Nobis, G. 1979. Der älteste Haushund lebte vor 14000 Jahren. *Die Umschau* 19:610.

Olsen, S. J. 1985. *Origins of the Domestic Dog: The Fossil Record.* Tucson: University of Arizona Press.

Olsen, S. J., and J. W. Olsen. 1977. The Chinese wolf, ancestor of New World dogs. *Science* 197:533–535.

Parker, H. G., L. V. Kim, N. B. Sutter, S. Carlson, T. D. Lorentzen, T. B. Malek, G. S. Johnson, H. B. DeFrance, E. A. Ostrander, and L. Kruglyak. 2004. Genetic structure of the purebred domestic dog. *Science* 304:1160–1164.

Sablin, M. V., and G. A. Khlopachev. 2002. The earliest Ice Age dogs: Evidence from Eliseevichi. *Current Anthropology* 43:795–799.

Savolainen, P., T. Leitner, A. N. Wilton, E. Matisoo-Smith, and J. Lundeberg. 2004. A detailed picture of the origin of the Australian dingo, obtained from the study of mitochondrial DNA. *Proceedings of the National Academy of Sciences* 101:12387–12390.

Savolainen, P., Y. Zhang, J. Luo, J. Lundeberg, and T. Leitner. 2002. Genetic evidence for an East Asian origin of domestic dogs. *Science* 298:1610–1613.

Schleidt, W. M., and M. D. Shalter. 2004. Co-evolution of humans and canids, an alternative view of dog domestication: *Homo homini lupus? Evolution and Cognition* 9:57–72.

Trut, L. N. 1999. Early canid domestication: The farm-fox experiment. *American Scientist* 87:160–169.

Vilà, C., P. Savolainen, J. E. Maldonado, I. R. Amorim, J. E. Rice, R. L. Honeycutt, K. A. Crandall, J. Lundeberg, and R. K. Wayne. 1997. The domestic dog has an ancient and genetically diverse origin. *Science* 276:1687–1689.

演化

Baskin, J. A. 1998. Evolutionary trends in the late Miocene hyena-like dog *Epicyon* (Carnivora, Canidae). In Y. Tomida, L. J. Flynn, and L. J. Jacobs, eds., *Advances in Vertebrate Paleontology and Geochronology*, 191–214. Tokyo: National Science Museum.

Cope, E. D. 1880. Extinct Batrachia. *American Naturalist* 14:609–610.

Dayan, M., D. Simberloff, E. Tchernov, and Y. Yom-Tov. 1992. Canine carnassials: Character displacement in the wolves, jackals, and foxes of Israel. *Biological Journal of the Linnean Society* 45:315–331.

Dayan, M., E. Tchernov, Y. Yom-Tov, and D. Simberloff. 1989. Ecological character displacement in Saharo-Arabian *Vulpes*: Outfoxing Bergmann's rule. *Oikos* 55:263–272.

Gittleman, J. L. 1986. Carnivore brain size, behavioral ecology, and phylogeny. *Journal of Mammalogy* 67:23–36.

Holliday, J. A., and S. J. Steppan. 2004. Evolution of hypercarnivory: The effect of specialization on morphological and taxonomic diversity. *Paleobiology* 30:108–128.

Kleiman, D. G., and J. F. Eisenberg. 1973. Comparisons of canid and felid social systems from an evolutionary perspective. *Animal Behavior* 21:637–659.

Muñoz-Durán, J. 2002. Correlates of speciation and extinction rates in the Carnivora. *Evolutionary Ecology Research* 4:963–991.

Radinsky, L. 1969. Outlines of canid and felid brain evolution. *Annals of the New York Academy of Sciences* 167:277–288.

Radinsky, L. 1973. Evolution of the canid brain. *Brain Behavior and Evolution* 7:169–202.

Turner, A., and M. Antón. 1996. *The Big Cats and Their Fossil Relatives*. New York: Columbia University Press.

Van Valkenburgh, B. 1991. Iterative evolution of hypercarnivory in canids (Mammalia: Carnivora): Evolutionary interactions among sympatric predators. *Paleobiology* 17:340–362.

Van Valkenburgh, B., and F. Hertel. 1993. Tough times at La Brea: Tooth breakage in large carnivores of the late Pleistocene. *Science* 261:456–459.

Werdelin, L., and M. E. Lewis. 2005. Plio-Pleistocene Carnivora of eastern Africa: Species richness and turnover patterns. *Zoological Journal of the Linnean Society* 144:121–144.

Wesley-Hunt, G. D., and J. J. Flynn. 2005. Phylogeny of the Carnivora: Basal relationships among the carnivoramorphans and assessment of the position of "Miacoidea" relative to Carnivora. *Journal of Systematic Palaeontology* 3:1–28.

化石种

Ballesio, R., and M. Philippe. 1995. Les Canidés Pléistocenes de la Balme a Collomb (commune d'Entremont-le-Vieux, Savoie). *Nouvelles Archives du Muséum d'Histoire Naturelle de Lyon* 33:45–65.

Barbour, E. H., and H. J. Cook. 1914. Two new fossil dogs of the genus *Cynarctus* from Nebraska. *Nebraska Geological Survey* 4:225–227.

Barbour, E. H., and H. J. Cook. 1917. Skull of *Aelurodon platyrhinus* sp. nov. *Nebraska Geological Survey* 7:173–180.

Barbour, E. H., and C. B. Schultz. 1935. A new Miocene dog, *Mesocyon geringensis* sp. nov. *Bulletin of the Nebraska State Museum* 1:407–418.

Baskin, J. A. 1980. The generic status of *Aelurodon* and *Epicyon* (Carnivora, Canidae). *Journal of Paleontology* 54:1349–1351.

Baskin, J. A. 2005. Carnivora from the late Miocene Love Bone Bed of Florida. *Bulletin of the Florida Museum of Natural History* 45:413–434.

Berry, C. T. 1938. A Miocene dog from Maryland. *Proceedings of the United States National Museum* 85:159–161.

Berta, A. 1981. Evolution of large canids in South America. *Anais do II Congreso Latino-Americano de Paleontologia, Porto Alegre* 2:835–845.

Berta, A. 1984. The Pleistocene bush dog *Speothos pacivorus* (Canidae) from the Lagoa Santa caves, Brazil. *Journal of Mammalogy* 65:549–559.

Berta, A. 1988. Quaternary evolution and biogeography of the large South American Canidae (Mammalia: Carnivora). *University of California Publications in Geological Sciences* 132:1–149.

Bever, G. S. 2005. Morphometric variation in the cranium, mandible, and dentition of *Canis latrans* and *Canis lepophagus* (Carnivora: Canidae) and its implications for the identification of isolated fossil specimens. *Southwestern Naturalist* 50:42–56.

Bjork, P. R. 1970. The Carnivora of the Hagerman Local Fauna (late Pliocene) of southwestern Idaho. *Transactions of the American Philosophical Society*, n.s., 60:1–54.

Bryant, H. N. 1991. Reidentification of the Chadronian supposed didelphid marsupial *Alloeodectes mcgrewi* as part of the deciduous dentition of the canid *Hesperocyon*. *Canadian Journal of Earth Sciences* 28:2062–2065.

Bryant, H. N. 1992. The Carnivora of the Lac Pelletier Lower Fauna (Eocene: Duchesnean), Cypress Hills Formation, Saskatchewan. *Journal of Paleontology* 66:847–855.

Bryant, H. N. 1993. Carnivora and Creodonta of the Calf Creek Local Fauna (late Eocene, Chadronian), Cypress Hills Formation, Saskatchewan. *Journal of Paleontology* 67:1032–1046.

Clark, J. 1939. *Miacis gracilis*, a new carnivore from the Unita Eocene (Utah). *Annals of the Carnegie Museum* 27:349–370.

Cook, H. J. 1909. Some new Carnivora from the lower Miocene beds of western Nebraska. *Nebraska Geological Survey* 3:262–272.

Cook, H. J. 1914. A new canid from the lower Pliocene of Nebraska. *Nebraska Geological Survey* 7:49–50.

Cook, H. J., and J. R. Macdonald. 1962. New Carnivora from the Miocene and Pliocene of western Nebraska. *Journal of Paleontology* 36:560–567.

Cope, E. D. 1873. Third notice of extinct Vertebrata from the Tertiary of the plains. *Paleontological Bulletin* 16:1–8.

Cope, E. D. 1877. Report upon the extinct Vertebrata obtained in New Mexico by parties of the expedition of 1874. In *Report upon United States Geological Surveys West of the One Hundredth Meridian, First Lieut. Geo. M. Wheeler, Corps of Engineers, U.S. Army, in Charge*, 4:1–370. Washington, D.C.: Government Printing Office.

Cope, E. D. 1883. On the extinct dogs of North America. *American Naturalist* 17:235–249.

Cope, E. D. 1884. The Vertebrata of the Tertiary formations of the West, book I. In *Report upon United States Geological Surveys West of the One Hundredth Meridian, Part II*, 3:1–1009. Washington, D.C.: Government Printing Office.

Cope, E. D. 1890. A new dog from the Loup Fork Miocene. *American Naturalist* 24:1067–1068.

Crusafont-Pairó, M. 1950. El primer representante del género *Canis* en el Pontiense eurasiatico (*Canis cipio* nova sp.). *Boletín de la Real Sociedad Española de Historia Natural (Geología)* 48:43–51.

Dayan, T. 1994. Carnivore diversity in the late Quaternary of Israel. *Quaternary Research* 41:343–349.

de Bonis, L., S. Peigné, A. Likius, H. T. Mackaye, P. Vignaud, and M. Brunet. 2007. The oldest African fox (*Vulpes riffautae* n. sp., Canidae, Carnivora) recovered in late Miocene deposits of the Djurab desert, Chad. *Naturwissenschaften* 94:575–580.

Emry, R. J., and R. E. Eshelman. 1998. The early Hemingfordian (early Miocene) Pollack Farm Local Fauna: First Tertiary land mammals described from Delaware. In R. N. Benson, ed., *Geology and Paleontology of the Lower Miocene Pollack Farm Fossil Site, Delaware*, 153–173. Delaware Geological Survey Special Publication no. 21. Newark: Delaware Geological Survey.

Evander, R. L. 1986. Carnivores of the Railway Quarries Local Fauna. *Transactions of the Nebraska Academy of Science* 14:25–34.

Eyerman, J. 1894. Preliminary notice of a new species of *Temnocyon* and a new genus from the John Day Miocene of Oregon. *American Geologist* 14:320–321.

Eyerman, J. 1896. The genus *Temnocyon* and a new species thereof and the new genus *Hypotemnodon*, from the John Day Miocene of Oregon. *American Geologist* 17:267–286.

Frailey, D. 1978. An early Miocene (Arikareean) fauna from north central Florida (the SB-1A Local Fauna). *Occasional Papers of the Museum of Natural History, University of Kansas* 75:1–20.

Frailey, D. 1979. The large mammals of the Buda Local Fauna (Arikareean: Alachua County, Florida). *Bulletin of the Florida State Museum, Biological Sciences* 24:123–173.

Galbreath, E. C. 1953. A contribution to the Tertiary geology and paleontology of northeastern Colorado. *University of Kansas Paleontological Contributions* 4:1–120.

Galbreath, E. C. 1956. Remarks on *Cynarctoides arcidens* from the Miocene of northeastern Colorado. *Transactions of the Kansas Academy of Science* 59:373–378.

Gawne, C. E. 1975. Rodents from the Zia Sand Miocene of New Mexico. *American Museum Novitates* 2586:1–25.

Gazin, C. L. 1932. A Miocene mammalian fauna from southeastern Oregon. *Carnegie Institution of Washington, Contributions to Paleontology* 418:37–86.

Gazin, C. L. 1942. The late Cenozoic vertebrate faunas from the San Pedro Valley, Ariz. *Proceedings of the United States National Museum* 92:475–518.

Geraads, D. 1997. Carnivores du Pliocène terminal de Ahl al Oughlam (Casablanca, Maroc). *Geobios* 30:127–164.

Green, M. 1948. A new species of dog from the lower Pliocene of California. *University of California Publications, Bulletin of the Department of Geological Sciences* 28:81–90.

Green, M. 1954. A cynarctine from the upper Oligocene of South Dakota. *Transactions of the Kansas Academy of Science* 57:218–220.

Gustafson, E. P. 1986. Carnivorous mammals of the late Eocene and early Oligocene of Trans-Pecos Texas. *Bulletin of the Texas Memorial Museum* 33:1–66.

Hall, E. R., and W. W. Dalquest. 1962. A new doglike carnivore, genus *Cynarctus*, from the Clarendonian, Pliocene, of Texas. *University of Kansas Publications, Museum of Natural History* 14:137–138.

Harrison, J. A. 1983. The Carnivora of the Edson Local Fauna (late Hemphillian), Kansas. *Smithsonian Contributions to Paleobiology* 54:1–42.

Hayes, F. G. 2000. The Brooksville 2 Local Fauna (Arikareean, latest Oligocene): Hernando County, Florida. *Bulletin of the Florida Museum of Natural History* 43:1–47.

Henshaw, P. C. 1942. A Tertiary mammalian fauna from the San Antonio Mountains near Tonopah, Nevada. *Carnegie Institution of Washington, Contributions to Paleontology* 530:77–168.

Hesse, C. J. 1936. A Pliocene vertebrate fauna from Optima, Oklahoma. *University of California Publications, Bulletin of the Department of Geological Sciences* 24:57–70.

Hibbard, C. W. 1950. Mammals of the Rexroad Formation from Fox Canyon, Meade County, Kansas. *Contributions from the Museum of Paleontology, University of Michigan* 8:113–192.

Hough, J. R., and R. Alf. 1956. A Chadron mammalian fauna from Nebraska. *Journal of Paleontology* 30:132–140.

Johnston, C. S. 1937. Tracks from the Pliocene of west Texas. *American Midland Naturalist* 28:147–152.

Johnston, C. S. 1939. A skull of *Osteoborus validus* from the early middle Pliocene of Texas. *Journal of Paleontology* 13:526–530.

Koufos, G. D. 1992. The Pleistocene carnivores of the Mygdonia basin (Macedonia, Greece). *Annales de Paléontologie* 78:205–257.

Koufos, G. D. 1997. The canids *Eucyon* and *Nyctereutes* from the Ruscinian of Macedonia, Greece. *Paleontologia i Evolució* 30–31:39–48.

Kurtén, B. 1974. A history of coyote-like dogs (Canidae, Mammalia). *Acta Zoologica Fennica* 140:1–38.

Dogs: Their Fossil Relatives and Evolutionary History
犬类和它们的化石近亲

Kurtén, B. 1984. Geographic differentiation in the Rancholabrean dire wolf (*Canis dirus* Leidy) in North America. In H. H. Genoways and M. R. Dawson, eds., *Contributions in Quaternary Vertebrate Paleontology: A Volume in Memorial to John E. Guilday*, 218–227. Pittsburgh: Carnegie Museum of Natural History.

Leidy, J. 1858. Notice of remains of extinct Vertebrata, from the valley of the Niobrara River, collected during the exploring expedition of 1857, in Nebraska, under the command of Lieut. G. K. Warren, U.S. Top. Eng., by Dr. F. V. Hayden, geologist to the expedition. *Proceedings of the Academy of Natural Sciences of Philadelphia* 1858:20–29.

Leidy, J. 1869. The extinct mammalian fauna of Dakota and Nebraska, including an account of some allied forms from other localities, together with a synopsis of the mammalian remains of North America. *Journal of the Academy of Natural Sciences of Philadelphia* 7:1–472.

Loomis, F. B. 1931. A new Oligocene dog. *American Journal of Science* 22:100–102.

Loomis, F. B. 1932. The small carnivores of the Miocene. *American Journal of Science* 24:316–329.

Loomis, F. B. 1936. Three new Miocene dogs and their phylogeny. *Journal of Paleontology* 10:44–52.

Lyras, G. A., A. A. E. Van der Geer, M. D. Dermitzakis, and J. D. Vos. 2006. *Cynotherium sardous*, an insular canid (Mammalia: Carnivora) from the Pleistocene of Sardinia (Italy), and its origin. *Journal of Vertebrate Paleontology* 28:735–745.

Macdonald, J. R. 1948. The Pliocene carnivores of the Black Hawk Ranch Fauna. *University of California Publications, Bulletin of the Department of Geological Sciences* 28:53–80.

Macdonald, J. R. 1963. The Miocene faunas from the Wounded Knee area of western South Dakota. *Bulletin of the American Museum of Natural History* 125:141–238.

Macdonald, J. R. 1967a. A new species of late Oligocene dog, *Brachyrhynchocyon sesnoni*, from South Dakota. *Contributions in Science, Los Angeles County Museum* 126:1–5.

Macdonald, J. R. 1967b. A new species of late Oligocene dog, *Sunkahetanka sheffleri*, from South Dakota. *Contributions in Science, Los Angeles County Museum* 127:1–5.

Macdonald, J. R. 1970. Review of the Miocene Wounded Knee faunas of southwestern South Dakota. *Bulletin of the Los Angeles County Museum of Natural History* 8:1–82.

Martin, H. T. 1928. Two new carnivores from the Pliocene of Kansas. *Journal of Mammalogy* 9:233–236.

Martin, R. 1971. Les affinités de *Nyctereutes megamastoides* (Pomel) canidé du gisement Villafranchien de Saint-Vallier (Drôme, France). *Palaeovertebrata* 4:39–58.

Martin, R. 1973. Trois nouvelles espèces de Caninae (Canidae, Carnivora) des gisements plio-villafranchiens d'Europe. *Documents des Laboratoires de Géologie de la Faculté des Sciences de Lyon* 57:87–96.

Matthew, W. D. 1901. Fossil mammals of the Tertiary of northeastern Colorado. *Memoirs of the American Museum of Natural History* 1:355–448.

Matthew, W. D. 1902. New Canidae from the Miocene of Colorado. *Bulletin of the American Museum of Natural History* 16:281–290.

Matthew, W. D. 1918. Contributions to the Snake Creek fauna with notes upon the Pleistocene of western Nebraska, American Museum Expedition of 1916. *Bulletin of the American Museum of Natural History* 38:183–229.

Matthew, W. D. 1924. Third contribution to the Snake Creek fauna. *Bulletin of the American Museum of Natural History* 50:59–210.

McGrew, P. O. 1935. A new *Cynodesmus* from the lower Pliocene of Nebraska with notes on the phylogeny of dogs. *University of California Publications, Bulletin of the Department of Geological Sciences* 23:305–312.

McGrew, P. O. 1937. The genus *Cynarctus*. *Journal of Paleontology* 11:444–449.

McGrew, P. O. 1938. Dental morphology of the Procyonidae with a description of *Cynarctoides*, gen. nov. *Field Museum of Natural History, Geological Series* 6:323–339.

McGrew, P. O. 1941. A new procyonid from the Miocene of Nebraska. *Field Museum of Natural History, Geological Series* 8:33–36.

McGrew, P. O. 1944a. The *Aelurodon saevus* group. *Field Museum of Natural History, Geological Series* 8:79–84.

McGrew, P. O. 1944b. An *Osteoborus* from Honduras. *Field Museum of Natural History, Geological Series* 8:75–77.

McKenna, M. C., and S. K. Bell. 1997. *Classification of Mammals Above the Species Level*. New York: Columbia University Press.

Merriam, J. C. 1903. The Pliocene and Quaternary Canidae of the Great Valley of California. *University of California Publications, Bulletin of the Department of Geological Sciences* 3:277–290.

Merriam, J. C. 1906. Carnivora from the Tertiary formations of the John Day region. *University of California Publications, Bulletin of the Department of Geological Sciences* 5:1–64.

Merriam, J. C. 1911. Tertiary mammal beds of Virgin Valley and Thousand Creek in northwestern Nevada. *University of California Publications, Bulletin of the Department of Geological Sciences* 6:199–306.

Merriam, J. C. 1913. Notes on the canid genus *Tephrocyon*. *University of California Publications, Bulletin of the Department of Geological Sciences* 7:359–372.

Merriam, J. C. 1919. Tertiary mammalian faunas of the Mohave Desert. *University of California Publications, Bulletin of the Department of Biological Sciences* 11:437–585.

Merriam, J. C., and W. J. Sinclair. 1907. Tertiary faunas of the John Day region. *University of California Publications, Bulletin of the Department of Geological Sciences* 5:171–205.

Miller, W. E., and O. Carranza-Castañeda. 1998. Late Tertiary canids from central Mexico. *Journal of Paleontology* 72:546–556.

Morales, J., M. Pickford, and D. Soria. 2005. Carnivores from the late Miocene and basal Pliocene of the Tugen Hills, Kenya. *Revista de la Sociedad Geológica de España* 18:39–61.

Munthe, K. 1998. Canidae. In C. M. Janis, K. M. Scott, and L. L. Jacobs, eds., *Evolution of Tertiary Mammals of North America*, vol. 1, *Terrestrial Carnivores, Ungulates, and Ungulatelike Mammals*, 124–143. Cambridge: Cambridge University Press.

Nowak, R. M. 1979. North American Quaternary *Canis*. *Monograph of the Museum of Natural History, University of Kansas* 6:1–154.

Obara, I., and Y. Hasegawa. 2003. A skull of the Japanese wolf, *Canis hodophilax* Temminck, found in Ogura-yama limestone fissure, Ueno-mura, Gunma Prefecture. *Bulletin of the Gunma Museum of Natural History* 7:35–39.

Olsen, S. J. 1956a. The Caninae of the Thomas Farm Miocene. *Breviora* 26:1–12.

Olsen, S. J. 1956b. A new species of *Osteoborus* from the Bone Valley Formation of Florida. *Florida Geological Survey Special Publication* 2:1–5.

Olson, E. C., and P. O. McGrew. 1941. Mammalian fauna from the Pliocene of Honduras. *Bulletin of the Geological Society of America* 52:1219–1244.

Peterson, O. A. 1910. Description of new carnivores from the Miocene of western Nebraska. *Memoirs of the Carnegie Museum* 4:205–278.

Peterson, O. A. 1924. Discovery of fossil mammals in the Brown's Park Formation of Moffatt County, Colorado. *Annals of the Carnegie Museum* 15:299–304.

Prevosti, F. J., A. E. Zuritaa, and A. A. Carlini. 2005. Biostratigraphy, systematics, and paleoecology of *Protocyon* Giebel, 1855 (Carnivora, Canidae) in South America. *Journal of South American Earth Sciences* 20:5–12.

Qiu, Z., and R. H. Tedford. 1990. A Pliocene species of *Vulpes* from Yushe, Shanxi. *Vertebrata PalAsiatica* 28:245–258.

Richey, K. A. 1938. *Osteoborus diabloensis*, a new dog from the Black Hawk Ranch fauna, Mount Diablo, California. *University of California Publications, Bulletin of the Department of Geological Sciences* 24:303–307.

Richey, K. A. 1979. Variation and evolution in the premolar teeth of *Osteoborus* and *Borophagus* (Canidae). *Transactions of the Nebraska Academy of Science* 7:105–123.

Riggs, E. S. 1942. Preliminary description of two lower Miocene carnivores. *Field Museum of Natural History, Geological Series* 7:59–62.

Romer, A. S., and A. H. Sutton. 1927. A new arctoid carnivore from the lower Miocene. *American Journal of Science* 14:459–464.

Rook, L. 1992. "*Canis*" *monticinensis* sp. nov., a new Canidae (Carnivora, Mammalia) from the late Messinian of Italy. *Bolletino della Società Paleontologica Italiana* 31:151–156.

Rook, L. 1994. The Plio-Pleistocene Old World *Canis* (*Xenocyon*) ex gr. *falconeri*. *Bolletino della Società Paleontologica Italiana* 33:71–82.

Rook, L., and D. Torre. 1996a. The latest Villafranchian–early Galerian small dogs of the Mediterranean area. *Acta Zoologica Cracoviensia* 39:427–434.

Rook, L., and D. Torre. 1996b. The wolf-event in western Europe and the beginning of the late Villafranchian. *Neues Jahrbuch für Geologie und Paläontologie Abhandlungen* 1996:495–501.

Russell, L. S. 1934. Revision of the lower Oligocene vertebrate fauna of the Cypress Hills, Saskatchewan. *Transactions of the Royal Canadian Institute* 20:49–67.

Russell, R. D., and V. L. VanderHoof. 1931. A vertebrate fauna from a new Pliocene formation in northern California. *University of California Publications, Bulletin of the Department of Geological Sciences* 20:11–21.

Savage, D. E. 1941. Two new middle Pliocene carnivores from Oklahoma, with notes on the Optima fauna. *American Midland Naturalist* 25:692–710.

Schlaikjer, E. M. 1935. Contributions to the stratigraphy and paleontology of the Goshen Hole area, Wyoming. IV. New vertebrates and the stratigraphy of the Oligocene and early Miocene. *Bulletin of the Museum of Comparative Zoology* 76:97–189.

Scott, W. B. 1890a. The dogs of the American Miocene. *Princeton College Bulletin* 2:37–39.

Scott, W. B. 1890b. Preliminary account of the fossil mammals from the White River and Loup Fork formations, contained in the Museum of Comparative Zoology. Pt. II. The Carnivora and Artiodactyla. *Bulletin of the Museum of Comparative Zoology* 20:65–100.

Scott, W. B. 1893. The mammals of the Deep River beds. *American Naturalist* 27:659–662.

Scott, W. B. 1897. Preliminary notes on the White River Canidae. *Princeton University Bulletin* 9:1–3.

Scott, W. B. 1898. Notes on the Canidae of the White River Oligocene. *Transactions of the American Philosophical Society* 19:325–415.

Scott, W. B., and G. L. Jepsen. 1936. The mammalian fauna of the White River Oligocene. *Princeton University Bulletin* 28:1–980.

Sellards, E. H. 1916. Fossil vertebrates from Florida: A new Miocene fauna; new Pliocene species; the Pleistocene fauna. *Florida State Geological Survey Annual Report* 8:77–160.

Simpson, G. G. 1930. Tertiary land mammals of Florida. *Bulletin of the American Museum of Natural History* 59:149–211.

Simpson, G. G. 1932. Miocene land mammals from Florida. *Bulletin of the Florida State Geological Survey* 10:1–41.

Sinclair, W. J. 1915. Additions to the fauna of the lower Pliocene Snake Creek beds (results of the Princeton University 1914 expedition to Nebraska). *Proceedings of the American Philosophical Society* 54:73–95.

Soria, D., and E. Aguirre. 1976. El cánido de Layna: Revisión de los *Nyctereutes* fósiles. In M. T. Alberdi and E. Aguirre, eds., *Miscelanea neogena*, 83–116. Madrid: International Geological Correlation Program.

Sotnikova, M. V. 2001. Remains of Canidae from the lower Pleistocene site of Untermassfeld. In R.-D. Kahlke, ed., *Das Pleistozäne von Untermassfeld bei Meiningen (Thüringgen)*, pt. 2, 607–632. Mainz: Römisch-Germanischen Zentralmuseums.

Sotnikova, M. V. 2006. A new canid *Nurocyon chonokhariensis* gen. et sp. nov. (Canini, Canidae, Mammalia) from the Pliocene of Mongolia. *Courier Forschungsinstitut Senckenberg* 256:11–21.

Stevens, M. S. 1977. Further study of Castolon Local Fauna (early Miocene), Big Bend National Park, Texas. *Pearce-Sellards Series of the Texas Memorial Museum* 28:1–69.

Stevens, M. S. 1991. Osteology, systematics, and relationships of earliest Miocene *Mesocyon venator* (Carnivora: Canidae). *Journal of Vertebrate Paleontology* 11:45–66.

Stiner, M. C., F. C. Howell, B. Martinez-Navarro, E. Tchernov, and O. Bar-Yosef. 2001. Outside Africa: Middle Pleistocene *Lycaon* from Hayonim Cave, Israel. *Bolletino della Società Paleontologica Italiana* 40:293–302.

Stirton, R. A., and V. L. VanderHoof. 1933. *Osteoborus*, a new genus of dogs, and its relation to *Borophagus* Cope. *University of California Publications, Bulletin of the Department of Geological Sciences* 23:175–182.

Stock, C. 1928. Canid and proboscidian remains from the Ricardo deposits, Mohave Desert, California. *Carnegie Institution of Washington, Contributions to Paleontology* 393:39–49.

Stock, C. 1932. *Hyaenognathus* from the late Pliocene of the Coso Mountain, California. *Journal of Mammalogy* 13:263–266.

Stock, C. 1933. Carnivora from the Sespe of the Las Posas Hills, California. *Carnegie Institution of Washington, Contributions to Paleontology* 440:29–42.

Stock, C., and E. L. Furlong. 1926. New canid and rhinocerotid remains from the Ricardo Pliocene of the Mojave Desert, California. *University of California Publications, Bulletin of the Department of Biological Sciences* 16:43–60.

Tanner, L. G. 1973. Notes regarding skull characteristics of *Oxetocyon cuspidatus* Green (Mammalia, Canidae). *Transactions of the Nebraska Academy of Science* 2:66–69.

Tedford, R. H. 1978. History of dogs and cats: A view from the fossil record. In *Nutrition and Management of Dogs and Cats*, chap. M23. St. Louis: Ralston Purina.

Tedford, R. H. 1981. Mammalian biochronology of the late Cenozoic basins of New Mexico. *Bulletin of the Geological Society of America* 91:1008–1022.

Tedford, R. H., and D. Frailey. 1976. Review of some Carnivora (Mammalia) from the Thomas Farm local fauna (Hemingfordian: Gilchrist County, Florida). *American Museum Novitates* 2610:1–9.

Tedford, R. H., and Z. Qiu. 1991. Pliocene *Nyctereutes* (Carnivora: Canidae) from Yushe, Shanxi, with comments on Chinese fossil raccoon-dogs. *Vertebrata PalAsiatica* 29:176–189.

Tedford, R. H., and Z. Qiu. 1996. A new canid genus from the Pliocene of Yushe, Shanxi Province. *Vertebrata PalAsiatica* 34:27–40.

Tedford, R. H., and X. Wang. 2008. *Metalopex*, a new genus of fox (Carnivora: Canidae: Vulpini) from the late Miocene of western North America. *Contributions in Science, Natural History Museum of Los Angeles County* 41:273–278.

Tedford, R. H., X. Wang, and B. E. Taylor. In press. Phylogenetic systematics of the North American fossil Caninae (Carnivora: Canidae). *Bulletin of the American Museum of Natural History*.

Thorpe, M. R. 1922a. Oregon Tertiary Canidae, with descriptions of new forms. *American Journal of Science* 3:162–176.

Thorpe, M. R. 1922b. Some Tertiary Carnivora in the Marsh Collection, with descriptions of new forms. *American Journal of Science* 3:423–455.

VanderHoof, V. L. 1931. *Borophagus littoralis* from the marine Tertiary of California. *University of California Publications, Bulletin of the Department of Geological Sciences* 21:15–24.

VanderHoof, V. L. 1936. Notes on the type *Borophagus diversidens* Cope. *Journal of Mammalogy* 17:415–516.

VanderHoof, V. L., and J. T. Gregory. 1940. A review of the genus *Aelurodon*. *University of California Publications, Bulletin of the Department of Geological Sciences* 25:143–164.

Voorhies, M. R. 1965. The Carnivora of the Trail Creek Fauna. *Contributions to Geology, University of Wyoming* 4:21–25.

Wang, X. 1990. Pleistocene dire wolf remains from the Kansas River with notes on dire wolves in Kansas. *Occasional Papers of the Museum of Natural History, University of Kansas* 137:1–7.

Wang, X. 1994. Phylogenetic systematics of the Hesperocyoninae (Carnivora: Canidae). *Bulletin of the American Museum of Natural History* 221:1–207.

Wang, X. 2003. New material of *Osbornodon* from the early Hemingfordian of Nebraska and Florida. *Bulletin of the American Museum of Natural History* 279:163–176.

Wang, X., and R. H. Tedford. 1992. The status of genus *Nothocyon* Matthew, 1899 (Carnivora): An arctoid not a canid. *Journal of Vertebrate Paleontology* 12:223–229.

Wang, X., and R. H. Tedford. 1996. Canidae. In D. R. Prothero and R. J. Emry, eds., *The Terrestrial Eocene–Oligocene Transition in North America*, pt. 2, *Common Vertebrates of the White River Chronofauna*, 433–452. Cambridge: Cambridge University Press.

Wang, X., and R. H. Tedford. 2007. Evolutionary history of canids. In P. Jensen, ed., *The Behavioural Biology of Dogs*, 3–20. Oxford: CABI International.

Wang, X., and R. H. Tedford. 2008. Fossil dogs (Carnivora, Canidae) from the Sespe and Vaqueros formations in southern California, with comments on relationships of *Phlaocyon taylori*. *Contributions in Science, Natural History Museum of Los Angeles County* 41:255–272.

Wang, X., R. H. Tedford, and B. E. Taylor. 1999. Phylogenetic systematics of the Borophaginae (Carnivora: Canidae). *Bulletin of the American Museum of Natural History* 243:1–391.

Wang, X., R. H. Tedford, B. Van Valkenburgh, and R. K. Wayne. 2004a. Ancestry: Evolutionary history, molecular systematics, and evolutionary ecology of Canidae. In D. W. Macdonald and

C. Sillero-Zubiri, eds., *The Biology and Conservation of Wild Canids*, 39–54. Oxford: Oxford University Press.

Wang, X., R. H. Tedford, B. Van Valkenburgh, and R. K. Wayne. 2004b. Phylogeny, classification, and evolutionary ecology of the Canidae. In C. Sillero-Zubiri, M. Hoffmann, and D. W. Macdonald, eds., *Canids: Foxes, Wolves, Jackals, and Dogs. Status Survey and Conservation Action Plan*, 8–20. Gland, Switzerland: International Union for the Conservation of Nature and Natural Resources, Species Survival Commission, Canid Specialist Group, World Conservation Union.

Wang, X., B. C. Wideman, R. Nichols, and D. L. Hanneman. 2004. A new species of *Aelurodon* (Carnivora, Canidae) from the Barstovian of Montana. *Journal of Vertebrate Paleontology* 24:445–452.

Webb, S. D. 1969a. The Burge and Minnechaduza Clarendonian mammalian fauna of north-central Nebraska. *University of California Publications in Geological Sciences* 78:1–191.

Webb, S. D. 1969b. The Pliocene Canidae of Florida. *Bulletin of the Florida State Museum, Biological Sciences* 14:273–308.

Webb, S. D., B. J. MacFadden, and J. A. Baskin. 1981. Geology and paleontology of the Love Bone bed from the late Miocene of Florida. *American Journal of Science* 281:513–544.

Webb, S. D., and S. C. Perrigo. 1984. Late Cenozoic vertebrates from Honduras and El Salvador. *Journal of Vertebrate Paleontology* 4:237–254.

Werdelin, L., and M. E. Lewis. 2005. Plio-Pleistocene Carnivora of eastern Africa: Species richness and turnover patterns. *Zoological Journal of the Linnean Society* 144:121–144.

White, T. E. 1941. Additions to the fauna of the Florida Pliocene. *Proceedings of the New England Zoological Club* 18:67–70.

White, T. E. 1942. The lower Miocene mammal fauna of Florida. *Bulletin of the Museum of Comparative Zoology* 92:1–49.

White, T. E. 1947. Addition to the Miocene fauna of north Florida. *Bulletin of the Museum of Comparative Zoology* 99:497–515.

Wilson, J. A. 1939. A new species of dog from the Miocene of Colorado. *Contributions from the Museum of Paleontology, University of Michigan* 5:315–318.

Wilson, J. A. 1960. Miocene carnivores, Texas coastal plain. *Journal of Paleontology* 34:983–1000.

Wortman, J. L., and W. D. Matthew. 1899. The ancestry of certain members of the Canidae, the Viverridae, and Procyonidae. *Bulletin of the American Museum of Natural History* 12:109–139.

现生种

Ansorge, H. 1994. Intrapopula skull variability in the red fox, *Vulpes vulpes* (Mammalia: Carnivora: Canidae). *Zoologische Abhandlungen* 48:103–123.

Audet, A. M., C. B. Robbins, and S. Larivière. 2002. *Alopex lagopus. Mammalian Species* 713:1–10.

Beisiegel, B. D. M., and G. L. Zuercher. 2005. *Speothos venaticus. Mammalian Species* 783:1–6.

Bekoff, M. 1977. *Canis latrans. Mammalian Species* 79:1–9.

Berta, A. 1982. *Cerdocyon thous. Mammalian Species* 186:1–4.

Berta, A. 1986. *Aletocynus microtis. Mammalian Species* 256:1–3.

Cabrera, A. 1931. On some South America canine genera. *Journal of Mammalogy* 12:54–67.

Churcher, C. S. 1960. Cranial variation in the North American red fox. *Journal of Mammalogy* 41:349–360.

Clark, H. O. 2005. *Otocyon megalotis. Mammalian Species* 766:1–5.

Cohen, J. A. 1978. *Cuon alpinus. Mammalian Species* 100:1–3.

Dietz, J. M. 1985. *Chrysocyon brachyurus. Mammalian Species* 234:1–4.

Egoscue, H. J. 1979. *Vulpes velox. Mammalian Species* 122:1–5.

Frafjord, K., and I. Stevy. 1998. The red fox in Norway: Morphological adaptation or random variation in size? *Zeitschrift für Säugetierkunde* 63:16–25.

Fritzell, E. K., and K. J. Haroldson. 1982. *Urocyon cinereoargenteus. Mammalian Species* 198:1–8.

Fuller, T. K., and P. W. Kat. 1993. Hunting success of African wild dogs in southwestern Kenya. *Journal of Mammalogy* 74:464–467.

Fuller, T. K., T. H. Nicholls, and P. W. Kat. 1995. Prey and estimated food consumption of African wild dogs in Kenya. *South African Journal of Wildlife Research* 25:3.

Geffen, E., M. E. Gompper, J. L. Gittleman, H.-K. Luh, D. W. Macdonald, and R. K. Wayne. 1996. Size, life-history traits, and social organization in the Canidae: A reevaluation. *American Naturalist* 147:140–160.

Geffen, E., R. Hefner, D. W. Macdonald, and M. Ucko. 1992. Diet and foraging behavior of Blanford's foxes, *Vulpes cana*, in Israel. *Journal of Mammalogy* 73:395–402.

Gittleman, J. L. 1986. Carnivore brain size, behavioral ecology, and phylogeny. *Journal of Mammalogy* 67:23–36.

Gittleman, J. L., and S. L. Pimm. 1991. Crying wolf in North America. *Nature* 351:524–525.

Hall, E. R. 1981. *The Mammals of North America.* New York: Wiley.

Kolenosky, G. B., and R. O. Standfield. 1974. Morphological and ecological variation among gray wolves (*Canis lupus*) of Ontario, Canada. In M. W. Fox, ed., *The Wild Canids: Their Systematics, Behavioral Ecology, and Evolution*, 62–72. New York: Van Nostrand Reinhold.

Koler-Matznick, J., I. L. Brisbin Jr., M. Feinstein, and S. Bulmer. 2003. An updated description of the New Guinea singing dog (*Canis hallstromi*, Throughton 1957). *Journal of Zoology* 261:109–118.

Langguth, A. 1974. Ecology and evolution in the South American canids. In M. W. Fox, ed., *The Wild Canids: Their Systematics, Behavioral Ecology, and Evolution*, 192–206. New York: Van Nostrand Reinhold.

Larivière, S. 2002. *Vulpes zerda. Mammalian Species* 714:1–5.

Larivière, S., and M. Pasitschniak-Arts. 1996. *Vulpes vulpes. Mammalian Species* 537:1–11.

Larivière, S., and P. J. Seddon. 2001. *Vulpes rueppelli. Mammalian Species* 678:1–5.

Leonard, J. A., C. Vilà, and R. K. Wayne. 2005. Legacy lost: Genetic variability and population size of extirpated US grey wolves (*Canis lupus*). *Molecular Ecology* 14:9–17.

Macdonald, D. W., S. Creel, and M. G. L. Mills. 2004. Canid society. In D. W. Macdonald and C. Sillero-Zubiri, eds., *The Biology and Conservation of Wild Canids*, 85–106. Oxford: Oxford University Press.

Macdonald, D. W., and C. Sillero-Zubiri, eds. 2004. *The Biology and Conservation of Wild Canids.* Oxford: Oxford University Press.

MacIntosh, N. W. G. 1974. The origin of the dingo: An enigma. In M. W. Fox, ed., *The Wild Canids: Their Systematics, Behavioral Ecology, and Evolution*, 87–88. New York: Van Nostrand Reinhold.

Martensz, P. N. 1971. Observations on the food of the fox, *Vulpes vulpes* (L.), in an arid environment. *Wildlife Research* 16:73–75.

McGrew, J. C. 1979. *Vulpes macrotis. Mammalian Species* 123:1–6.

Mech, L. D. 1974. *Canis lupus. Mammalian Species* 37:1–6.

Mendelssohn, H., Y. Tom-Tov, G. Ilany, and D. Meninger. 1987. On the occurrence of Blanford's fox, *Vulpes cana* Blanford, 1877, in Israel and Sinai. *Mammalia* 51:459–462.

Mivart, St. G. 1890. *A Monograph of the Canidae: Dogs, Jackals, Wolves, and Foxes.* London: Porter and Dulau.

Moore, C. M., and P. W. Collins. 1995. *Urocyon littoralis. Mammalian Species* 489:1–7.

Novaro, A. J. 1997. *Pseudalopex culpaeus. Mammalian Species* 558:1–8.

Nowak, R. M. 1992. The red wolf is not a hybrid. *Conservation Biology* 6:593–595.

Nowak, R. M. 2002. The original status of wolves in eastern North America. *Southeastern Naturalist* 1:95–130.

O'Brien, S. J., and E. Mayr. 1991. Bureaucratic mischief: Recognizing endangered species and subspecies. *Science* 251:1187–1188.

Osgood, W. H. 1934. The genera and subgenera of South American canids. *Journal of Mammalogy* 15:45–50.

Paradiso, J. L., and R. M. Nowak. 1971. A report on the taxonomic status and distribution of the red wolf. *Fish and Wildlife Service Special Scientific Report* 145:1–36.

Paradiso, J. L., and R. M. Nowak. 1972. *Canis rufus. Mammalian Species* 22:1–4.

Peres, C. A. 1991. Observations on hunting by small-eared (*Atelocynus microtis*) and bush dogs (*Speothos venaticus*) in central-western Amazonia. *Mammalia* 55:635–639.

Rook, L., and M. L. A. Puccetti. 1996. Remarks on the skull morphology of the endangered Ethiopian jackal, *Canis simensis* Rüppel 1838. *Scienze Fisiche e Naturali* 7:277–302.

Rosenzweig, M. L. 1966. Community structure in sympatric Carnivora. *Journal of Mammalogy* 47:602–612.

Servin, J. I. 1991. Algunos aspectos de la conducta social del lobo mexicano (*Canis lupus baileyi*) en cautiverio. *Acta Zoologica Mexicana*, n.s., 45:1–43.

Servin, J. I., and C. Huxley. 1991. La dieta del coyote en un bosque de encino-pino de la Sierra Madre Occidental de Durango, Mexico. *Acta Zoologica Mexicana*, n.s., 44:1–26.

Servin, J. I., J. R. Rau, and M. Delibes. 1987. Use of radio tracking to improve the estimation by track counts of the relative abundance of red fox. *Acta Theriologica* 32:489–492.

Servin, J. I., J. R. Rau, and M. Delibes. 1991. Activity pattern of the red fox *Vulpes vulpes* in Donana, SW Spain. *Acta Theriologica* 36:369–373.

Sillero-Zubiri, C., and D. Gottelli. 1994. *Canis simensis. Mammalian Species* 485:1–6.

Stains, H. J. 1975. Calcanea of members of the Canidae. *Bulletin of the Southern California Academy of Sciences* 74:143–155.

Strahl, S. D., J. L. Silva, and I. R. Goldstein. 1992. The bush dog (*Speothos venaticus*) in Venezuela. *Mammalia* 56:9–13.

Walton, L. R., and D. O. Joly. 2003. *Canis mesomelas. Mammalian Species* 715:1–9.

Ward, O. G., and D. H. Wurster-Hill. 1990. *Nyctereutes procyonoides. Mammalian Species* 358:1–5.

Wayne, R. K. 1986. Cranial morphology of domestic and wild canids: The influence of development on morphological change. *Evolution* 40:243–261.

Wayne, R. K., S. B. George, D. Gilbert, P. W. Collins, S. D. Kovach, D. J. Girman, and N. Lehman. 1991. A morphologic and genetic study of the island fox, *Urocyon littoralis. Evolution* 45:1849–1868.

Wilson, P. J., S. Grewal, I. D. Lawford, J. N. M. Heal, A. G. Granacki, D. Pennock, J. B. Theberge, M. T. Theberge, D. R. Voigt, W. Waddell, R. E. Chambers, P. C. Paquet, G. Goulet, D. Cluff, and B. N. White. 2000. DNA profiles of the eastern Canadian wolf and the red wolf provide evi-

Dogs: Their Fossil Relatives and Evolutionary History

犬类和它们的化石近亲

dence for a common evolutionary history independent of the gray wolf. *Canadian Journal of Zoology* 78:2156–2166.

Wozencraft, W. C. 1993. Order Carnivora. In D. E. Wilson and D. M. Reeder, eds., *Mammal Species of the World: A Taxonomic and Geographic Reference*, 2d ed., 279–348. Washington, D.C.: Smithsonian Institution Press.

Yahnke, C. J., W. E. Johnson, E. Geffen, D. Smith, F. Hertel, M. S. Roy, C. F. Bonacic, T. K. Fuller, B. Van Valkenburgh, and R. K. Wayne. 1996. Darwin's fox: A distinct endangered species in a vanishing habitat. *Conservation Biology* 10:366–375.

Yeager, L. E. 1938. Tree-climbing by a gray fox. *Journal of Mammalogy* 19:376.

Zimmerman, R. S. 1938. A coyote's speed and endurance. *Journal of Mammalogy* 19:400.

分子生物学

Bardeleben, C., R. L. Moore, and R. K. Wayne. 2005. Isolation and molecular evolution of the Selenocysteine tRNA (Cf TRSP) and RNase P RNA (Cf RPPH1) genes in the dog family, Canidae. *Molecular Biology and Evolution* 22:347–359.

Gottelli, D., C. Sillero-Zubiri, G. D. Applebaum, M. S. Roy, D. J. Girman, J. Garcia-Moreno, E. A. Ostrander, and R. K. Wayne. 1994. Molecular genetics of the most endangered canid: The Ethiopian wolf, *Canis simensis*. *Molecular Ecology* 3:277–290.

Lan, H., and L. Shi. 1996. The mitochondrial DNA evolution of four species of Canidae. *Acta Zoologica Sinica* 42:87–95.

Leonard, J. A., C. Vilà, K. Fox-Dobbs, P. L. Koch, R. K. Wayne, and B. Van Valkenburgh. 2007. Megafaunal extinctions and the disappearance of a specialized wolf Ecomorph. *Current Biology* 17:1146–1150.

Lindblad-Toh, K., C. M. Wade, T. S. Mikkelsen, E. K. Karlsson, D. B. Jaffe, M. Kamal, M. Clamp, J. L. Chang, E. J. Kulbokas, M. C. Zody, E. Mauceli, X. Xie, M. Breen, R. K. Wayne, E. A. Ostrander, C. P. Ponting, F. Galibert, D. R. Smith, P. J. deJong, E. Kirkness, P. Alvarez, T. Biagi, W. Brockman, J. Butler, C.-W. Chin, A. Cook, J. Cuff, M. J. Daly, D. DeCaprio, S. Gnerre, M. Grabherr, M. Kellis, M. Kleber, C. Bardeleben, L. Goodstadt, A. Heger, C. Hitte, L. Kim, K.-P. Koepfli, H. G. Parker, J. P. Pollinger, S. M. J. Searle, N. B. Sutter, R. Thomas, C. Webber, and E. S. Lander. 2005. Genome sequence, comparative analysis, and haplotype structure of the domestic dog. *Nature* 438:803–819.

Roy, M. S., E. Geffen, D. Smith, E. A. Ostrander, and R. K. Wayne. 1994. Patterns of differentiation and hybridization in North American wolflike canids, revealed by analysis of microsatellite loci. *Molecular Biology and Evolution* 11:553–570.

Wayne, R. K. 1993. Molecular evolution of the dog family. *Trends in Genetics* 9:218–224.

Wayne, R. K., E. Geffen, and C. Vilà. 2004. Population genetics: Population and conservation genetics of canids. In D. W. Macdonald and C. Sillero-Zubiri, eds., *The Biology and Conservation of Wild Canids*, 55–84. Oxford: Oxford University Press.

Wayne, R. K., and S. M. Jenks. 1991. Mitochondrial DNA analysis implying extensive hybridization of the endangered red wolf *Canis rufus*. *Nature* 351:565–568.

Wayne, R. K., W. G. Nash, and S. J. O'Brien. 1987a. Chromosomal evolution of the Canidae. I. Species with high diploid numbers. *Cytogenetics and Cell Genetics* 44:123–133.

Wayne, R. K., W. G. Nash, and S. J. O'Brien. 1987b. Chromosomal evolution of the Canidae. II. Divergence from the primitive carnivore karyotype. *Cytogenetics and Cell Genetics* 44:134–141.

Wayne, R. K., B. Van Valkenburgh, P. W. Kat, T. K. Fuller, W. E. Johnson, and S. J. O'Brien. 1989. Genetic and morphological divergence among sympatric canids. *Journal of Heredity* 80:447–454.

古环境与古生态

Berggren, W. A., and D. R. Prothero. 1992. Eocene–Oligocene climatic and biotic evolution. In D. R. Prothero and W. A. Berggren, eds., *Eocene–Oligocene Climatic and Biotic Evolution*, 1–28. Princeton, N.J.: Princeton University Press.

Cavelier, C., J.-J. Chateauneuf, C. Pomerol, D. Rabussier, M. Renard, and C. V. Grazzini. 1981. The geological events at the Eocene/Oligocene boundary. *Palaeogeography, Palaeoclimatology, Palaeoecology* 36:223–248.

Cerling, T. E. 1992. Development of grasslands and savannas in East Africa during the Neogene. *Palaeogeography, Palaeoclimatology, Palaeoecology* 97:241–247.

Cerling, T. E., J. Quade, Y. Wang, and J. R. Bowman. 1989. Carbon isotopes in soils and paleosols as ecology and paleoecology indicators. *Nature* 341:138–139.

Crusafont-Pairó, M., and J. Truyols-Santonja. 1956. A biometric study of the evolution of fissiped carnivores. *Evolution* 10:314–332.

DeConto, R. M., and D. Pollard. 2003. Rapid Cenozoic glaciation of Antarctica induced by declining atmospheric CO_2. *Nature* 421:245–249.

Fortelius, M., J. Eronen, J. Jernvall, L. Liu, D. Pushkina, J. Rinne, A. Tesakov, I. A. Vislobokova, Z. Zhang, and L. Zhou. 2002. Fossil mammals resolve regional patterns of Eurasian climate change over 20 million years. *Evolutionary Ecology Research* 4:1005–1016.

Fortelius, M., and N. Solounias. 2000. Functional characterization of ungulate molars using the abrasion-attrition wear gradient: A new method for reconstructing paleodiets. *American Museum Novitates* 3301:1–36.

Hu, Y., J. Meng, Y. Wang, and C. Li. 2005. Large Mesozoic mammals fed on young dinosaurs. *Nature* 433:149–152.

Hunt, R. M., Jr. 2004. Global climate and the evolution of large mammalian carnivores during the later Cenozoic in North America. *Bulletin of the American Museum of Natural History* 285:139–156. [Special issue: G. C. Gould and S. K. Bell, eds., *Tributes to Malcolm C. McKenna: His Students, His Legacy*]

Janis, C. M., J. Damuth, and J. M. Theodor. 2002. The origins and evolution of the North American grassland biome: The story from the hoofed mammals. *Palaeogeography, Palaeoclimatology, Palaeoecology* 177:183–198.

Kennett, J. P. 1977. Cenozoic evolution of Antarctic glaciation, the circum-Antarctic oceans and their impact on global paleoceanography. *Journal of Geophysical Research* 82:3843–3860.

Leopold, E. B., G. Liu, and S. Clay-Poole. 1992. Low-biomass vegetation in the Oligocene? In D. R. Prothero and W. A. Berggren, eds., *Eocene–Oligocene Climatic and Biotic Evolution*, 399–420. Princeton, N.J.: Princeton University Press.

MacFadden, B. J. 2000. Cenozoic mammalian herbivores from the Americas: Reconstructing ancient diets and terrestrial communities. *Annual Review of Ecology and Systematics* 31:33–59.

MacFadden, B. J., and T. E. Cerling. 1994. Fossil horses, carbon isotopes, and global change. *Trends in Ecology and Evolution* 9:481–486.

MacFadden, B. J., and T. E. Cerling. 1996. Mammalian herbivore communities, ancient feeding ecology, and carbon isotopes: A 10-million-year sequence from the Neogene of Florida. *Journal of Vertebrate Paleontology* 16:103–115.

Palmqvist, P., A. Arribas, and B. Martínez-Navarro. 1999. Ecomorphological study of large canids from the lower Pleistocene of southeastern Spain. *Lethaia* 32:75–88.

Palmqvist, P., B. Martínez-Navarro, and A. Arribas. 1996. Prey selection by terrestrial carnivores in a lower Pleistocene paleocommunity. *Paleobiology* 22:514–534.

Pearson, P. M., P. W. Ditchfield, J. Singano, K. G. Harcourt-Brown, C. J. Nicholas, R. K. Olsson, N. J. Shackleton, and M. A. Hall. 2001. Warm tropical sea surface temperatures in the late Cretaceous and Eocene epochs. *Nature* 413:481–487.

Prothero, D. R., and T. H. Heaton. 1996. Faunal stability during the early Oligocene climatic crash. *Palaeogeography, Palaeoclimatology, Palaeoecology* 127:257–283.

Quade, J., and T. E. Cerling. 1995. Expansion of C4 grasses in the late Miocene of northern Pakistan: Evidence from stable isotopes in paleosols. *Palaeogeography, Palaeoclimatology, Palaeoecology* 115:91–116.

Ramstein, G., F. Fluteau, J. Bese, and S. Joussaume. 1997. Effect of orogeny, plate motion, and land-sea distribution on Eurasian climate change over the past 30 million years. *Nature* 386:788–795.

Ridgway, K. D., A. R. Sweet, and A. R. Cameron. 1995. Climatically induced floristic changes across the Eocene–Oligocene transition in the northern high latitudes, Yukon Territory, Canada. *Bulletin of the Geological Society of America* 107:676–696.

Solounias, N., and G. Semprebon. 2002. Advances in the reconstruction of ungulate ecomorphology with application to early fossil equids. *American Museum Novitates* 3366:1–49.

Strömberg, C. A. E. 2002. The origin and spread of grass-dominated ecosystems in the late Tertiary of North America: Preliminary results concerning the evolution of hypsodonty. *Palaeogeography, Palaeoclimatology, Palaeoecology* 177:59–75.

Van Valkenburgh, B. 1994. Extinction and replacement among predatory mammals in the North American late Eocene–Oligocene: Tracking a guild over twelve million years. *Historical Biology* 8:1–22.

Van Valkenburgh, B. 1999. Major patterns in the history of carnivorous mammals. *Annual Review of Earth and Planetary Science* 27:463–493.

Van Valkenburgh, B. 2001. The dog-eat-dog world of carnivores: A review of past and present carnivore community dynamics. In C. Stanford and H. T. Bunn, eds., *Meat-Eating and Human Evolution*, 101–121. Oxford: Oxford University Press.

Van Valkenburgh, B., and F. Hertel. 1993. Tough times at La Brea: Tooth breakage in large carnivores of the late Pleistocene. *Science* 261:456–459.

Van Valkenburgh, B., and T. Sacco. 2002. Sexual dimorphism, social behavior, and intrasexual competition in large Pleistocene carnivorans. *Journal of Vertebrate Paleontology* 22:164–169.

Van Valkenburgh, B., T. Sacco, and X. Wang. 2003. Pack hunting in Miocene borophagine dogs: Evidence from craniodental morphology and body size. *Bulletin of the American Museum of Natural History* 279:147–162.

Van Valkenburgh, B., X. Wang, and J. Damuth. 2004. Cope's rule, hypercarnivory, and extinction in North American canids. *Science* 306:101–104.

Wang, Y., and T. E. Cerling. 1994. A model of fossil tooth and bone diagenesis: Implications for paleodiet reconstruction from stable isotopes. *Palaeogeography, Palaeoclimatology, Palaeoecology* 107:281–289.

Wang, Y., T. E. Cerling, and B. J. MacFadden. 1994. Fossil horses and carbon isotopes: New evidence for Cenozoic dietary, habitat, and ecosystem changes in North America. *Palaeogeography, Palaeoclimatology, Palaeoecology* 107:269–279.

Webb, S. D. 1977. A history of savanna vertebrates in the New World. Part I: North America. *Annual Review of Ecology and Systematics* 8:355–380.

Wing, S. L., G. J. Harrington, F. A. Smith, J. I. Bloch, D. M. Boyer, and K. H. Freeman. 2005. Transient floral change and rapid global warming at the Paleocene–Eocene boundary. *Science* 310:993–996.

Zachos, J. C., M. Pagani, L. Sloan, and E. Thomas. 2001. Trends, rhythms, and aberrations in global climate 65 Ma to present. *Science* 292:686–693.

Zachos, J. C., L. D. Stott, and K. C. Lohmann. 1994. Evolution of early Cenozoic marine temperatures. *Paleoceanography* 9:353–387.

分支、系统和分类

Bardeleben, C., R. L. Moore, and R. K. Wayne. 2005. A molecular phylogeny of the Canidae based on six nuclear loci. *Molecular Phylogenetics and Evolution* 37:815.

Clutton-Brock, J., G. B. Corbet, and M. Hills. 1976. A review of the family Canidae, with a classification by numerical methods. *Bulletin of the British Museum (Natural History), Zoology* 29:119–199.

Dahr, E. 1949. On the systematic position of *Phlaocyon leucosteus* Matthew and some related forms. *Arkiv för Zoologi* 41A:1–15.

Flynn, J. J., N. A. Neff, and R. H. Tedford. 1988. Phylogeny of the Carnivora. In M. J. Benton, ed., *The Phylogeny and Classification of the Tetrapods*, vol. 2, *Mammals*, 73–116. Oxford: Clarendon Press.

Geffen, E., A. Mercure, D. J. Girman, D. W. Macdonald, and R. K. Wayne. 1992. Phylogenetic relationships of the fox-like canids: Mitochondrial DNA restriction fragment, site, and cytochrome *b* sequence analyses. *Journal of Zoology* 228:27–39.

Grewal, S., P. J. Wilson, T. K. Kung, K. Shami, M. T. Theberge, J. B. Theberge, and B. N. White. 2004. A genetic assessment of the eastern wolf (*Canis lycaon*) in Algonquin Provincial Park. *Journal of Mammalogy* 85:625–632.

Hough, J. R. 1944. The auditory region in some Miocene carnivores. *Journal of Paleontology* 22:573–600.

Hough, J. R. 1948. The auditory region in some members of the Procyonidae, Canidae, and Ursidae. *Bulletin of the American Museum of Natural History* 92:73–118.

Hunt, R. M., Jr. 1974. The auditory bulla in Carnivora: An anatomical basis for reappraisal of carnivore evolution. *Journal of Morphology* 143:21–76.

Huxley, T. H. 1880. On the cranial and dental characters of the Canidae. *Proceedings of the Zoological Society of London* 16:238–288.

Lawrence, B., and W. H. Bossert. 1974. Relationships of North American *Canis* shown by a multiple character analysis of selected populations. In M. W. Fox, ed., *The Wild Canids: Their Systematics, Behavioral Ecology, and Evolution*, 73–86. New York: Van Nostrand Reinhold.

Ledje, C., and U. Arnason. 1996a. Phylogenetic analyses of complete cytochrome *b* genes of the order Carnivora with particular emphasis on the Caniformia. *Journal of Molecular Evolution* 42:135–144.

Ledje, C., and U. Arnason. 1996b. Phylogenetic relationships within caniform carnivores based on analyses of the mitochondrial 12S rRNA gene. *Journal of Molecular Evolution* 43:641–649.

Lyras, G. A., and A. A. E. Van der Geer. 2003. External brain anatomy in relation to the phylogeny of Canidae (Carnivora: Canidae). *Zoological Journal of the Linnean Society* 138:505–522.

Martin, L. D. 1989. Fossil history of the terrestrial Carnivora. In J. L. Gittleman, ed., *Carnivore Behavior, Ecology, and Evolution*, 1:536–568. Ithaca, N.Y.: Cornell University Press.

Matthew, W. D. 1930. The phylogeny of dogs. *Journal of Mammalogy* 11:117–138.

Mayr, E. 1940. Speciation phenomena in birds. *American Naturalist* 74:249–278.

Mayr, E. 1969. *Principles of Systematic Zoology*. New York: McGraw-Hill.

McKenna, M. C., and S. K. Bell. 1997. *Classification of Mammals Above the Species Level*. New York: Columbia University Press.

Nowak, R. M. 1979. North American Quaternary *Canis. Monograph of the Museum of Natural History, University of Kansas* 6:1–154.

Phillips, M., and V. G. Henry. 1992. Comments on red wolf taxonomy. *Conservation Biology* 6:596–599.

Segall, W. 1943. The auditory region of the arctoid carnivores. *Field Museum of Natural History, Zoological Series* 29:33–59.

Simpson, G. G. 1945. The principles of classification and a classification of mammals. *Bulletin of the American Museum of Natural History* 8:1–350.

Stains, H. J. 1974. Distribution and taxonomy of the Canidae. In M. W. Fox, ed., *The Wild Canids: Their Systematics, Behavioral Ecology, and Evolution*, 3–26. New York: Van Nostrand Reinhold.

Tedford, R. H. 1976. Relationship of pinnipeds to other carnivores (Mammalia). *Systematic Zoology* 25:363–374.

Tedford, R. H., B. E. Taylor, and X. Wang. 1995. Phylogeny of the Caninae (Carnivora: Canidae): The living taxa. *American Museum Novitates* 3146:1–37.

Turner, H. N., Jr. 1848. Observations relating to some of the foramina at the base of the skull in Mammalia, and on the classification of the order Carnivora. *Proceedings of the Zoological Society of London* 16:63–88.

Van Gelder, R. G. 1978. A review of canid classification. *American Museum Novitates* 2646:1–10.

Wang, X., and R. H. Tedford. 1994. Basicranial anatomy and phylogeny of primitive canids and closely related miacids (Carnivora: Mammalia). *American Museum Novitates* 3092:1–34.

Wang, X., R. H. Tedford, and B. E. Taylor. 1999. Phylogenetic systematics of the Borophaginae (Carnivora: Canidae). *Bulletin of the American Museum of Natural History* 243:1–391.

Wayne, R. K. 1993. Molecular evolution of the dog family. *Trends in Genetics* 9:218–224.

Wayne, R. K., R. E. Benveniste, D. N. Janczewski, and S. J. O'Brien. 1989. Molecular and biochemical evolution of the Carnivora. In J. L. Gittleman, ed., *Carnivore Behavior, Ecology, and Evolution*, 1:465–494. Ithaca, N.Y.: Cornell University Press.

Wayne, R. K., E. Geffen, D. J. Girman, K.-P. Koepfli, L. M. Lau, and C. R. Marshall. 1997. Molecular systematics of the Canidae. *Systematic Zoology* 46:622–653.

Wayne, R. K., and S. J. O'Brien. 1987. Allozyme divergence within the Canidae. *Systematic Zoology* 36:339–355.

Wozencraft, W. C. 1989. The phylogeny of the recent Carnivora. In J. L. Gittleman, ed., *Carnivore Behavior, Ecology, and Evolution*, 1:495–535. Ithaca, N.Y.: Cornell University Press.

Zrzavý, J., and V. Ricánková. 2004. Phylogeny of recent Canidae (Mammalia, Carnivora): Relative reliability and utility of morphological and molecular datasets. *Zoologica Scripta* 33:311–333.

Zunino, G. E., O. B. Vaccaro, M. Canevari, and A. L. Gardner. 1995. Taxonomy of the genus *Lycalopex* (Carnivora: Canidae) in Argentina. *Proceedings of the Biological Society of Washington* 108:729–747.

性双型

Gingerich, P. D., and D. A. Winkler. 1979. Patterns of variation and correlation in the dentition of the red fox, *Vulpes vuples*. *Journal of Mammalogy* 60:691–704.

Gittleman, J. L., and B. Van Valkenburgh. 1997. Sexual dimorphism in the canines and skulls of carnivores: Effects of size, phylogeny, and behavioural ecology. *Journal of Zoology* 242:97–117.

Jolicoeur, P. 1974. Sexual dimorphism and geographical distance as factors of skull variation in the wolf *Canis lupus* L. In M. W. Fox, ed., *The Wild Canids: Their Systematics, Behavioral Ecology, and Evolution*, 54–61. New York: Van Nostrand Reinhold.

Kolenosky, G. B., and R. O. Standfield. 1974. Morphological and ecological variation among gray wolves (*Canis lupus*) of Ontario, Canada. In M. W. Fox, ed., *The Wild Canids: Their Systematics, Behavioral Ecology, and Evolution*, 62–72. New York: Van Nostrand Reinhold.

Prestrud, P., and K. Nilssen. 1995. Growth, size, and sexual dimorphism in arctic foxes. *Journal of Mammalogy* 76:522–530.

Regodon, S., A. Franco, J. M. Garin, A. Robina, and Y. Lignereux. 1991. Computerized tomographic determination of the cranial volume of the dog applied to racial and sexual differentiation. *Acta Anatomica* 142:347–350.

动物地理

Berta, A. 1987. Origin, diversification, and zoogeography of the South American Canidae. In B. D. Patterson and R. M. Timm, eds., *Studies in Neotropical Mammalogy: Essays in Honor of Philip Hershkovitz*, 455–471. Fieldiana Zoology, n.s., 39. Chicago: Field Museum of Natural History.

Brunet, M., F. Guy, D. Pilbeam, D. E. Lieberman, A. Likius, H. T. Mackaye, M. S. Ponce de Leon, C. P. E. Zollikofer, and P. Vignaud. 2005. New material of the earliest hominid from the upper Miocene of Chad. *Nature* 434:752–755.

Hunt, R. M., Jr. 1996. Biogeography of the order Carnivora. In J. L. Gittleman, ed., *Carnivore Behavior, Ecology, and Evolution*, 2:485–541. Ithaca, N.Y.: Cornell University Press.

Johnson, W. E., T. K. Fuller, and W. L. Franklin. 1989. Sympatry in canids: A review and assessment. In J. L. Gittleman, ed., *Carnivore Behavior, Ecology, and Evolution*, 1:189–217. Ithaca, N.Y.: Cornell University Press.

Qiu, Z. 2003. Dispersals of Neogene carnivorans between Asia and North America. *Bulletin of the American Museum of Natural History* 279:18–31.

Stains, H. J. 1974. Distribution and taxonomy of the Canidae. In M. W. Fox, ed., *The Wild Canids: Their Systematics, Behavioral Ecology, and Evolution*, 3–26. New York: Van Nostrand Reinhold.

Vilà, C., I. R. Amorim, J. A. Leonard, D. Posada, J. Castroviejo, F. Petrucci-Fonseca, K. A. Crandall, H. Ellegren, and R. K. Wayne. 1999. Mitochondrial DNA phylogeography and population history of the grey wolf *Canis lupus*. *Molecular Ecology* 8:2089–2103.

索引

Dogs: Their Fossil Relatives and Evolutionary History
犬类和它们的化石近亲

伫姿 standing posture 15，53，122，128，242，244，245

卓越血齿兽 *Daphoenodon superbus* 15

自然系统（林奈）*Systema naturae* (Linnaeus) 2，88，90

自然选择 natural selection 5，106，149，227

棕鬣狗 brown hyena, *Parahyaena brunnea* 149，150

鬃狼 maned wolf, *Chrysocyon brachyurus* 71，77，202，235，241

鬃狼属 *Chrysocyon* 76，189，193，202，239

走廊犬属 *Oxetocyon* 48，238

图书在版编目（CIP）数据

犬类和它们的化石近亲/王晓鸣，（美）理查德·特
德福德著；（西）毛里西奥·安东绘图；孙博阳译.—
北京：商务印书馆，2021
ISBN 978-7-100-18922-4

Ⅰ.①犬…　Ⅱ.①王…②理…③毛…④孙…　Ⅲ.
①犬科—研究　Ⅳ.①Q959.838

中国版本图书馆 CIP 数据核字（2020）第 150547 号

犬类和它们的化石近亲

王晓鸣　〔美〕理查德·特德福德　著

〔西〕毛里西奥·安东　绘图

孙博阳　译

商 务 印 书 馆 出 版
（北京王府井大街 36 号　邮政编码 100710）
商 务 印 书 馆 发 行
北京新华印刷有限公司印刷
ISBN 978-7-100-18922-4

2021 年 1 月第 1 版　　　开本 710×1000　1/16
2021 年 1 月北京第 1 次印刷　印张 18¼　插页 4
定价：78.00 元